기초 피부관리 실습

Basic Aesthetic Treatment

김금란·이유미·장순남·이주현 공저

光文閣
www.kwangmoonkag.co.kr

현대인들의 피부미용에 대한 관심은 피부미용 교육의 양적 팽창뿐 아니라 질적 발전을 가져왔다. 보다 체계적이고 전문적인 실무 중심 교육의 필요성이 강조되고 있는 상황에서 국내의 많은 미용 관련 학과에서 학문적 체계를 갖추며 빠르게 성장하고 있으며 각 대학에서도 이에 맞게 교과과정을 개편하여 운영하고 있다.

이러한 환경 변화에 대처하기 위하여 2011년 대학에서 피부미용 교육을 담당하고 있는 저자들이 피부미용 전공 학생들과 피부미용 전문인들에게 좋은 길잡이가 될 수 있도록 《기초 피부관리 실습》을 초판 발행하였다. 5년 넘게 이 책에 관심 가져준 학생들과 피부미용 전문인들에게 머리 숙여 감사드리며, 시대의 흐름에 부합하는 책을 만들겠다는 작은 소망과 좀 더 좋은 책을 만들어 교육하는 것이 교육을 하는 사람의 소명이라는 생각에서 개정 작업을 하게 되었다.

이번 개정판에서는 초판과 유사한 내용으로 피부미용에 대한 기초 이론과 임상에 대한 기본 개념을 파악하고 응용할 수 있도록 하였다. 현실적인 교육의 필요성에 의해 이론과 실습이 잘 조화되도록 피부관리의 기초적이면서도 전문적인 지식을 이해하기 쉽게 구성하였다. 실무 중심의 기초 피부관리 실습이 실질적이고 효율적인 교육이 가능하도록 하는 데 역점을 두고 교재를 집필하였으므로 피부관리에 대한 기본 지식을 함양하고 실무 현장에서 응용하는 데 도움이 되었으면 한다.

이번 개정의 가장 중요한 대목은 피부 유형에 따라 적용할 수 있는 화장품의 성분을 구분해서 정리하였다는 점이다. 또한, 마스크와 팩을 분리하여 별도의 장으로 구성함으로써 내용을 보다 구체적이고 깊이 있게 다루었다. 다른 부분도 부족한 점을 개선하기 위해 표현 하나라도 좋은 것으로 바꾸려고 노력했으며, 초판과 비교하면 한결 충실해졌으리라 기대한다.

본 개정판에서는 1장 '피부관리의 이해', 2장 '해부학적 구조와 명칭', 3장 '피부의 유형', 4장 '피부의 상태'의 내용은 체계적인 전문 지식을 함양할 수 있는 이론으로 구성하였다. 5장 '준비 및 위생', 6장 '관리 계획 차트 작성하기', 7장 '클렌징', 8장 '눈썹 정리', 9장 '딥 클렌징', 10장 '메뉴얼테크닉', 11장 '팩', 12장 '마스크 및 마무리'의 내용은 실제 실무 절차에 따라 구성하여 현장에서 요구하는 직무 능력을 갖추는 데 도움을 주고자 하였다. 따라서 피부관리 교과에 입문하는 학생들뿐만 아니라 피부관리 업무에 종사하는 피부미용 전문가들이 현장에서 지침서로 활용되기를 바란다.

이러한 바람으로 개정판을 준비한 만큼 초판보다 충실해진 모습을 갖출 수 있으리라고 기대하지만 여전히 많은 아쉬움을 남기고 있다. 이러한 아쉬움은 이 책으로 공부하는 학생, 그리고 가르치시는 선생님 및 교수님들, 피부미용 전문가들의 많은 조언을 얻어 더 나은 책으로 손질해 나갈 것을 약속드린다.

이번 개정 작업을 준비하는 동안 많은 분의 도움을 받았으며, 노력을 아끼지 않은 분들께 감사의 뜻을 전하고 싶다. 끝으로 이 책이 발간될 수 있도록 여러 가지 면에서 도움을 주신 광문각 박정태 회장님을 비롯한 임직원 여러분께 진정으로 감사를 드린다.

2017년 7월 28일
저자 일동

01 피부관리의 이해

02 해부학적 구조와 명칭

03 피부의 유형(skin type)

04 피부의 상태(division of facial skin condition)

05 준비 및 위생(preparation and disinfection)

06 관리 계획 차트(care plan chart) 작성하기

07 클렌징(cleansing)

11 팩(pack)

12 마스크 및 마무리(mask and complete)

01

피부관리의 이해
Basic Aesthetic Treatment

CHAPTER

01

피부관리의 이해

1.1 피부관리의 개념

피부관리란 건강한 피부 상태의 유지 및 개선을 위해 행해지는 일련의 과정을 의미한다. 좁은 의미로는 스스로 행하는 자가 관리와 넓은 의미로는 병원, 피부과, 전문 피부관리실에서 행하는 전문 관리로 나눌 수 있으며, 피부의 각질화 주기가 평균 28일인 부분을 고려할 때 한 달 이상 지속적인 관리를 행한 경우 피부관리의 개념에 포함한다.

1.2 피부미용사의 개념 및 전문적 지식

피부미용사(skin care specialist, esthetician, cosmetician)는 인체의 해부, 생리, 병리 등의 기본 지식과 피부관리 기술을 가진 교육받은 전문가로서 피부 보호를 위한 예방법을 알려 주고 피부를 건강하고 매력적으로 유지하기 위한 시술을 해주는 전문가이다. 또한, 과학적인 지식과 기술은 물론 인간의 심리적, 사회적, 정신적 측면에 대한 포괄적인 지식과 태도가 동반되어야 하며, 단정한 외모와 좋은 매너로 고객의 분위기에 적응 할 수 있어야 한다.

① 미학, 색채학 등의 미에 대한 지식
② 고객 상담에 관한 전문 지식
③ 피부 미용의 전문적 지식 및 기술
④ 고객관리 방안 및 기술의 과학적 원리
⑤ 새로운 기술에 대한 정보 습득

02

해부학적 구성

Basic Aesthetic Treatment

02 해부학적 구성

2.1 안면골

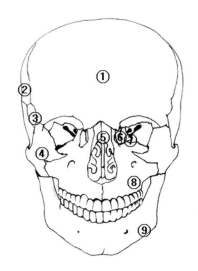

[그림 2-1] 안면골 - 정면 위치에 따른 명칭

① 전두골(frontal bone)

② 측두골(temporal bone)

③ 접형골(greater wing of sphenoid bone)

④ 관골(zygometic bone)

⑤ 비골(nasal bone)

⑥ 누골(lacrimal bone)

⑦ 사골(ethmoid bone)

⑧ 상악골(maxilla)

⑨ 하악골(mandible)

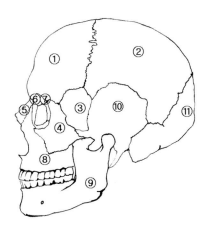

[그림 2-2] 안면골 - 측면 위치에 따른 명칭

① 전두골(frontal bone)

② 두정골(parietal bone)

③ 접형골(greater wing of sphenoid bone)

④ 관골(zygometic bone)

⑤ 비골(nasal bone)

⑥ 누골(lacrimal bone)

⑦ 사골(ethmoid bone)

⑧ 상악골(maxilla)

⑨ 하악골(mandible)

⑩ 측두골(temporal bone)

⑪ 후두골(occipital bone)

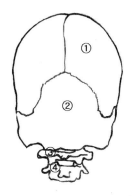

① 두정골(parietal bone)
② 후두골(occipital bone)
③ 환추(atlas)
④ 제 2 경추

[그림 2-3] 안면골 – 후면 위치에 따른 명칭

2.2 안면근육

2.2.1 두부의 근육

(1) 얼굴근육(안면근 : 표정근)

얼굴근육은 머리뼈(두개골)를 둘러싸고 있는 근육으로 대부분이 머리뼈에서 기시하여 진피에 부착되어 있고, 이 근육의 수축과 이완을 통해 얼굴 피부의 운동에 관여하여 감정을 표현한다. 표정근이라고도 하고 얼굴신경(안면신경)의 지배를 받는다.

[표 2-1] 얼굴근육(안면근: 표정근)

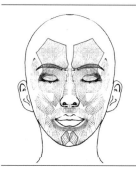

① 전두근(이마근, frontalis)
- 기시 : 모상건막 - 정지 : 눈썹 피부 - 작용 : 이마의 횡 주름을 만든다. 　　　　 눈썹을 치켜세워 놀란 표정을 만든다.

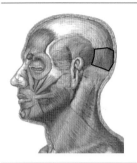

② 후두근(뒤통수근, occipitalis)

- 기시 : 모상건막
- 정지 : 후두골의 상항선
- 작용 : 모상건막을 당겨 두피를 뒤로 당기고 이마 주름을 편다.

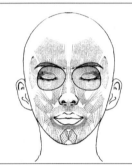

③ 안륜근(눈둘레근, orbicularis oculi)

- 기시 : 상악골, 전두골
- 정지 : 안검
- 작용 : 윙크할 때와 같이 눈을 살짝 감게 하거나 눈을 꼭 감게
  한다.

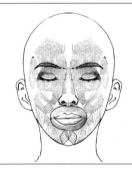

④ 구륜근(입둘레근, orbicularis oris)

- 기시 : 상악골, 하악골, 심부볼
- 정지 : 입술 주위 피부
- 작용 : 입을 다물게 한다. 휘파람을 불 때 입을 내밀게 한다.

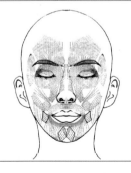

⑤ 협근(볼근, buccinator)

- 기시 : 상악골, 하악골
- 정지 : 입모서리(구각)
- 작용 : 풍선을 불 때 입안의 압력을 유지하고 입을 꼭 다문 표정
  으로 성난 표정을 만든다.

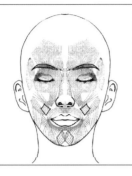

⑥ 소근(입꼬리당김근, risorius)

- 기시 : 교근근막
- 정지 : 입모서리(구각)
- 작용 : 입모서리를 밖으로 당겨 보조개를 만든다.

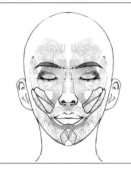

⑦ 대관골근(큰광대근, zygomaticus major)

- 기시 : 관골궁
- 정지 : 입모서리(구각)
- 작용 : 입모서리를 바깥 위쪽으로 당겨 웃는 표정을 만든다.

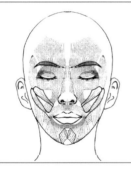

⑧ 소관골근(작은광대근, zygomaticus minor)

- 기시 : 관골 전면
- 정지 : 윗입술의 외측부
- 작용 : 윗입술(상순)을 위로 당긴다. 부정적 표정을 만든다.

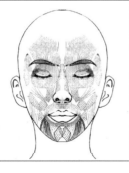

⑨ 구각하체근(입꼬리내림근, depressor anguli oris)

- 기시 : 하악골의 하면
- 정지 : 입모서리(구각)
- 작용 : 입 꼬리를 아래로 당긴다. 슬픈 표정을 나타낸다.

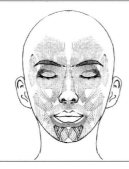

⑩ 하순하체근(아랫입술내림근, depressor labii inferioris)

- 기시 : 하악골
- 정지 : 구륜근
- 작용 : 아랫입술(하순)을 아래로 당긴다.
  입을 삐죽 내밀게 만들고 슬픔을 나타낸다.

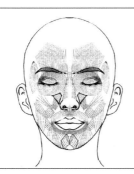

⑪ 상순비익거근(윗입술콧방울올림근, levator labii superioris alaeque nasi)

- 기시 : 상악골의 전두돌기
- 정지 : 윗입술(상순)과 비익
- 작용 : 윗입술을 위로 당기며 코에 주름을 만든다.

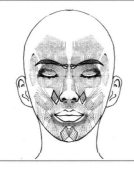

⑫ 상순거근(윗입술올림근, levator labii superioris)

- 기시 : 구강 주위의 뼈의 근막
- 정지 : 윗입술(상순)
- 작용 : 윗입술 바깥 부위를 위로 당겨 싫은 표정을 만든다.

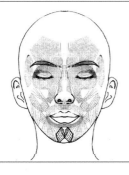

⑬ 이근(턱끝근, mentalis)

- 기시 : 하악골 전면
- 정지 : 턱의 피부
- 작용 : 턱을 아래로 끌어내리고 턱 피부에 주름을 만든다.

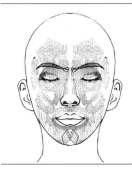	⑭ 추미근(눈썹주름근, corrugator superilii) - 기시 : 전두골 - 정지 : 눈썹 피부 - 작용 : 눈썹을 아래로 잡아당기고, 미간에 주름을 만든다.

2.2.2 저작근(씹기 운동 근육)

4쌍의 근육으로 음식물을 씹을 때 관여하고 입을 벌릴 때와 턱을 앞으로 내밀 때 사용된다.

[표 2-2] 저작근(씹기 운동 근육)

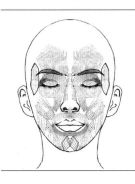	① 측두근(관자근, temporalis) - 기시 : 측두와 - 정지 : 하악골 가지의 앞면 - 작용 : 하악골을 위쪽과 후방으로 당겨 저작한다.
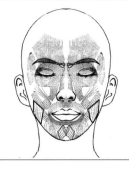	② 교근(깨물근, masseter) - 기시 : 협골궁, 상악골 - 정지 : 하악지 외측면 - 작용 : 하악골을 위쪽으로 당겨 저작한다.

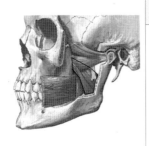	**③ 내측익상근(안쪽날개근, medial pterygoid)**
	- 기시 : 접형골의 외익상돌기 내측 - 정지 : 하악골 내측 - 작용 : 하악골을 위쪽과 후방으로 당겨 저작한다.

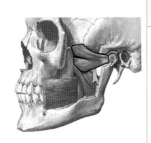	**④ 외측익상근(가쪽날개근, lateral ptergyoid)**
	- 기시 : 접형골의 외익상돌기 외측 - 정지 : 하악관절 - 작용 : 하악골을 앞쪽과 아래쪽으로 당겨 턱을 연다.

2.2.3 경부의 근육(목의 근육)

목 부위의 얕은 층 근육을 말한다.

[표 2-3] 경부의 근육(목의 근육)

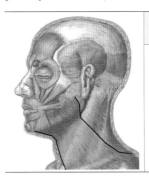	**① 광경근(넓은 목근, platysma)**
	- 기시 : 경부와 흉부의 근막 - 정지 : 하악골 - 작용 : 목에 주름 형성, 입꼬리를 아래로 당겨 슬픈 표정을 지을 때 사용된다.

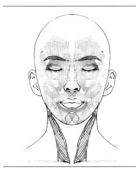

② 흉쇄유돌근(목빗근, sternocleidomastoid muscle)

- 기시 : 흉골부는 흉골병의 전면, 쇄골부는 쇄골 내측 1/3
- 정지 : 유양돌기, 후두골 상항선 외측
- 작용 : 머리를 옆으로 돌린다. 얼굴을 뒤로 젖히는 작용한다.

2.3 피부의 구조(structure of skin)

피부는 신체의 외표면을 덮고 있으며, 총면적 1.5~2.0m², 부피(표피+진피) 2.4~3.6L, 중량 4kg 정도로 온몸을 덮고 있는 거대한 기관으로 외부 환경이나 여러 자극으로부터 신체를 보호하는 1차 방어벽이다. 피부의 구조는 표피(epidermis), 진피(dermis), 피하지방층(subcutaneous)으로 구성되어 있으며 두께는 1.5~4mm로 부위에 따라 다양하고 외부의 자극으로부터 몸을 보호한다.

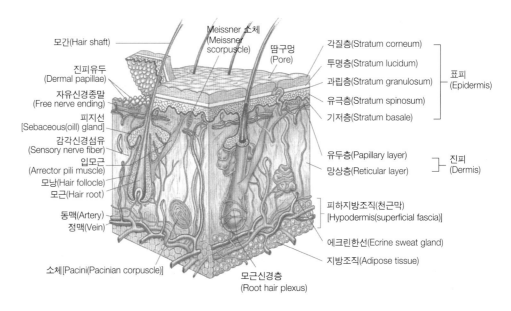

[그림 2-4] 피부의 구조

2.3.1 표피(epidermis)

표피의 두께는 신체의 부위, 연령, 성별에 따라 다르며, 비교적 얇은 얼굴이 0.03~0.1mm이고, 손과 발바닥은 0.16~0.8mm로 두꺼운 편이다. 표피의 조직학적 구조는 각질층, 투명층, 과립층, 유극층, 기저층의 5개 층으로 구성되어 있다. 기저층의 각질형성세포(keratinocyte)는 지속적으로 분열되어 각질층으로 올라가며 각질세포(corneocyte)로 분화(differentiation)되어 각화 현상이 일어난다. 각질층의 층판 구조는 외부의 미생물 등의 침입, 화학적 자극 물질, 알러지 유발 물질 등의 침입을 막아주는 방어 기능을 담당해 주며, 멜라닌형성세포(melanocyte), 랑거한스세포(langerhans cell), 각질형성세포와 같이 표피의 장벽(barrier) 기능을 수행한다.

(1) 각질층(stratum corneum)

① 20~25겹의 다각형의 편편하고 건조한 무핵의 각질세포로 구성되어 있으며, 각질세포들은 데스모좀으로 서로 단단히 연결되어 있다.

② 피부의 최외층으로 피부를 보호하는 일차적인 장벽 역할을 한다.

③ 각질층의 주성분은 케라틴이 50% 이상, 세포간 지질 11%, 천연보습인자(natural moisturizing factor: NMF)가 38% 정도로 구성되어 있다.

④ 각질세포들은 하루에 약 0.5~0.1g씩 떨어져 나가는데 기저층에서 새로 분열된 세포들이 기저층에서 각질층까지 분화되는 시간은 2~4주 정도가 걸리며, 이후에 각질층에서 자연스럽게 떨어져 나간다.

⑤ 각질층의 수분함량은 10~20%가 정상적이지만 수분량이 10% 이하가 되면 피부가 건조해지고 거칠어지게 된다. 각질층의 수분함량은 피부 표면의 탄력성 유지와 피부의 손상 방지에 매우 중요하다.

(2) 투명층(stratum lucidum)

① 무핵의 세포로 2~3층 얇고 투명한 편평 세포로 구성되어 있다.

② 각질층 아래에 위치하며 주로 손바닥, 발바닥 같이 두꺼운 피부 부위에서 관찰된다.

③ 엘라이딘(elaidin)이라는 반 고체상 물질이 들어 있어 피부가 투명하게 보이며 수분 침투를 방지하고 피부를 윤기 있게 해준다.

(3) 과립층(stratum granulosum)

① 각질화 과정의 시작 단계로 2~5개의 세포층으로 구성되어 있다.

② 케라틴 덩어리인 케라토하이알린과립(keratohyalin granule)들과 층판 과립(submicro-scopic lamellar granule)들이 나타난다.

③ 케라틴 세섬유(keratin filament)의 네트워크를 형성 외부로부터 물의 침투에 대한 방어막 역할과 피부 내부의 수분 유출을 막아주는 작용을 한다.

(4) 유극층(stratum spinosum)

① 표피 중 가장 두터운 층으로 세포핵이 존재하며 5~10개의 세포층으로 되어 있다.

② 가시 모양의 돌기가 있어 가시층이라고도 한다.

③ 여러 개의 데스모좀(desmosome, 교소체)을 통하여 이웃하는 세포와 서로 연결되어 있다.

④ 면역 기능을 담당하는 랑거한스세포(langerhans cell)가 존재한다.

(5) 기저층(stratum basale)

① 진피와 접하고 있으며 단층의 원추상 유핵 세포로 구성되어 있다.

② 진피의 모세혈관으로부터 영양 공급을 받아 세포 분열을 통해 새로운 세포들을 지속적으로 생성하여 피부 표면으로 밀어 올린다.

③ 각질형성세포(keratinodyte), 수지상세포인 멜라닌형성세포(melanocyte)가 4:1~10:1의 비율로 존재한다.

④ 촉각 수용체인 머켈세포(merkel cell)가 존재한다.

2.3.2 진피(dermis)

진피는 피부의 90% 이상이며 표피의 약 10~40배에 해당하는 두께로 피부의 대부분을 차지한다. 구조는 유두층과 망상층으로 구성되어 있다. 피부에 강인성, 탄력성, 유연성을 부여한다. 모세혈관을 통해 표피에 영양 성분을 공급하고 피지선, 신경, 한선이 분포되어 있다. 구성 물질로 교원섬유(collagen fiber)와 탄력섬유(elastic fiber), 기질로 구성되어 있다.

(1) 유두층(papillary layer)

① 솔방울 모양의 돌기를 가지고 있으며 교원섬유가 성글고 불규칙하게 배열되어 있는 결합조직으로 되어 있다.

② 결합조직 사이에 세포질과 많은 기질이 존재하고 모세혈관, 림프관, 신경종말이 풍부하게 분포되어 있다.

③ 물결 모양을 하고 있고 촉각과 통각의 신경 말단이 위치한다.

(2) 망상층(reticular layer)

① 그물 모양의 불규칙한 결합조직으로 모세혈관은 거의 없으며 혈관, 림프관, 피지선, 한선, 신경 등이 복잡하게 분포되어 있다.

② 교원섬유(collagen fiber)와 탄력섬유(elastin fiber)가 매우 치밀하게 구성되어 있으며 일정한 방향성을 가진다.

③ 두 섬유 사이에 점다당질(mucopolysaccharide)인 기질이 젤(gel)상태로 분포되어 있고 교원섬유가 90% 이상을 차지한다.

④ 압각·통각·한각·온각신경의 말단이 위치하고 있다.

2.3.3 피하지방층(subcutaneous layer)

지방층의 지방조직은 중배엽에서 기원한 지방세포로 구성되어 있다.

진피에서 내려온 섬유가 엉성하게 형성된 망상구조로 망상구조 사이에 지방세포가 위치한다. 피하지방층의 기능은 체온 유지, 신체 보호, 수분 조절, 탄력성, 외부 충격 흡수, 소모되고 남은 영양소를 저장하는 기능이 있다. 피하지방층의 두께와 분포는 신체의 영양 상태, 성별, 연령, 부위에 따라 다르다. 피부에 혈액을 공급하는 주 혈관이 위치에 있다.

03

피부의 유형

Basic Aesthetic Treatment

피부의 유형(skin type)

피부 표면의 유·수분 함량에 따라 건강한 피부 유형인 중성을 기준으로 건성, 지성, 복합성으로 분류할 수 있다. 피부의 유형을 결정하는 방법으로 모공의 크기와 피지 분비량과 상태에 따라 구분할 수 있고, 피부의 두께를 측정하여 결정할 수도 있다. 피부결과 피부조직 분석에 따라 구분할 수 있고, 안색(skin tone)에 따라 구분, 세안 후 당김의 정도에 따라 구분할 수 있다. 피부 유형별 특징은 다음과 같다.

3.1 중성(정상) 피부(normal skin)

3.1.1 특징

① 피지선의 생리 기능이 정상적이며 이상적인 피부 상태를 말한다.
② 기미나 잡티 등 색소의 침착이 없고 피부가 깨끗하며 약간의 모공이 보인다.
③ 쉽게 자극받지 않으며 세균에 대한 저항력이 있어 염증이나 소양증의 증세가 거의 없다.
④ 피부결이 섬세하고 안색이 투명하고 색이 고르다.
⑤ 탄력이 있고 부드러우며 엷은 분홍색의 피부 톤을 가진다.
⑥ 표피가 정상 두께이다.
⑦ 유·수분 균형이 잘 이루어져 있다.
⑧ 피부의 이상 증상이나 이상 징후가 없다.

⑨ 세안 후 당기거나 각질이 일어나지 않는다.

⑩ 메이크업 후에도 번들거림이나 끈적임이 없으며 잘 지워지지 않는다.

3.1.2 관리 방법

① 여러 가지 요인에 의해 변하기 쉬운 유형이므로 현 상태를 보호하고 유지할 수 있도록 손상의 요인들을 예방하고 규칙적인 관리로 유·수분의 균형을 유지하여야 한다.

② 규칙적이고 균형 있는 식사, 적당한 운동, 스트레스 관리, 충분한 수면으로 현 상태를 보호하고 유지하도록 한다.

③ 세안 시 지나친 탈지가 되지 않도록 미지근한 물을 사용한다.

④ 오랜 시간 자외선에 노출되지 않도록 하며 계절과 나이에 따라 화장품을 선택하여 관리한다.

⑤ 피부의 유연 및 보습을 줄 수 있는 화장수를 사용하고 적당한 수분이 많이 함유된 에몰리엔트 크림, 수분 에센스 등을 사용한다.

⑥ 신진대사를 원활하게 하기 위해 주 1회 보습 팩, 영양 팩을 한다.

3.2 건성 피부(dry skin)

3.2.1 특징

① 피지선과 한선의 작용이 원활하거나 활동적이지 못하다.

② 피부결이 얇고 표면이 약간 거칠다.

③ 유·수분 균형이 깨어져 건조하며 각질이 보인다.

④ 피부색이 투명하고 창백하다.

⑤ 모공이 거의 보이지 않으며 피부의 윤기가 없이 메마르다.

⑥ 탄력성이 떨어지고 잔주름이 생기기 쉽다.

⑦ 각질층의 수분이 10% 이하를 나타낸다.

⑧ 화장 후 잘 지워지지 않고 오래 지속되지만 화장이 잘 받지 않고 들뜬다.

⑨ 빠른 노화 과정이 진행되고 자극에 민감하다.

⑩ 세안 후 심한 피부 당김 현상이 나타나며 특히 눈과 입 주변의 당김이 심하다.

3.2.2 관리 방법

① 수분 공급과 함께 피지 분비를 정상화시켜 주어야 한다.

② 유·수분 공급을 충분히 할 수 있도록 보습 효과가 우수한 화장품을 사용한다.

③ 지나치게 유분이 많이 함유된 화장품은 오히려 피부의 항상성을 잃어 피지선의 기능이 퇴화되어 피부 건조화를 가속화시킬 수 있으므로 주의하여야 한다.

④ 알코올 함량이 많은 것은 피한다.

⑤ 피부 타입에 맞는 유분과 수분이 함유된 에몰리엔트 크림, 보습 에센스 등을 바른다.

⑥ 피지선의 원활한 활동을 위해 보습 팩, 영양 팩 등의 팩을 주 1~2회 정도 한다.

다음은 건성 피부 관리 방법의 예이다.

→ 클렌징 : 클렌징 밀크(오일) 도포 후 클렌징 적용

→ 토너(화장수) : 보습 효과가 있는 토너 사용

→ 딥클렌징(각질 제거) : 효소(enzyme exfoliate) 이용(steamer 사용)

→ 수분, 유분 보충 ampoule 침투

→ 메뉴얼테크닉 : 영양 크림

→ 팩 : 유·수분을 보충해 줄 수 있는 pack 사용

→ 눈 주위 관리

→ 마무리 : 스킨로션, 에센스, 아이크림, 데이(나이트), 자외선 차단제, 가벼운 화장

3.3 지성 피부(oily skin)

3.3.1 특징

① 피지선의 과다한 활동성으로 인한 피지 분비량이 많다.
② 피부결이 거칠고 두꺼우며 여드름이 생기기 쉽다.
③ 지나친 피지막에 의해 호흡 기능이 방해되어 피부색이 탁하고 칙칙하다.
④ 모공은 넓고 불규칙하게 열려 있는 상태이며 모공 속의 노폐물로 인해 지저분해 보인다.
⑤ 주름은 깊고 굵은 주름이 생기기 쉽다.
⑥ 남성에게 많다.
⑦ 화장 후 쉽게 번들거리고 잘 지워진다.
⑧ 노화 진행 과정이 다소 느리다.
⑨ 세안 후 당김이 없으며 번들거린다.
⑩ T존 부위에 블랙헤드와 화이트헤드가 많다.

3.3.2 관리 방법

① 피지 분비를 조절해 주어 염증성 병변으로 전이되는 것을 예방하고 모공 확장으로 인한 피부 문제를 해결하는 관리가 필요하다.
② 한선과 피지선의 정상화를 유지하기 위해 균형적인 관리가 이루어져야 한다.
③ 모공 수축, 진정, 소염작용을 하는 수렴 화장수를 사용한다.
④ 수분이 함유된 에센스, 피지 조절 기능이 있는 크림을 사용한다.
⑤ 정기적으로 스크럽이나 파우더 타입을 이용하여 딥 클렌징한다.
⑥ 피지 분비를 조절해 주고 모공 수축, 진정작용이 있는 팩을 주 1회 한다.

3.4 복합성 피부(combination skin)

2가지 이상의 피부 형태가 공존하는 피부 상태로 이마나 코 주변의 T
존 부위는 여드름이나 뾰루지가 잘 발생하고 번들거림이 심하며, 뺨과
턱 부위는 건조하고 피부의 유분과 수분이 불균형한 상태이다. 눈가에
잔주름이 많아 나타나며, 선천적이기보다는 후천적이다. 피부 조직이 전
체적으로 일정하지 않다. 원인으로 환절기의 기후 변화, 수면 부족, 과로
와 신경과민 등이 있다.

3.4.1 특징

① 두 가지 이상의 skin type을 가지고 있는 피부이다.
② T존 부위에 모공이 눈에 띄게 보이고 각질층은 두껍고 거칠어 보인다.
③ 뺨과 턱 부위에 기미나 색소침착이 쉽게 나타날 수 있다.
④ 피부색이 얼룩져 보이고, 부분적 착색이 나타난다.
⑤ 모공의 크기가 일정하지 않다.
⑥ 주름은 부위별로 다른 양상을 나타낸다.

3.4.2 관리 방법

① 화장수로 충분히 수분을 공급해 주고, 모공이 넓어지기 쉬운 T존 부
   위는 아스트리젠트를 솜에 가득 묻혀서 얹어두면 소염 효과가 있으
   며 모공 확장을 막을 수 있다.
② 뺨과 턱 부위는 수분 밸런스를 위해 유연 화장수를 사용한다.
③ 피지 분비가 많은 T존 부위는 각질 제거 기능이 있는 팩을 해주고
   뺨과 턱 부위는 보습과 영양 팩을 하여 복합성 피부 부위에 따른 관
   리를 한다.
④ 수분이 함유된 에센스, 에몰리언트 크림을 사용한다.

⑤ 여러 가지 문제성 부위는 그 상태에 따른 적합한 관리 시술을 한다.

⑥ 정기적으로 스크럽 타입이나 파우더 타입을 이용하여 딥 클렌징을 해준다.

04

피부의 상태

Basic Aesthetic Treatment

피부의 상태

피부 상태란 성별, 연령, 계절, 기후, 환경, 식생활습관, 스트레스 등의 요인에 의해 양향을 받는 피부의 변화를 말하며 크게 열린 모공(open pore), 블랙헤드(black‑head), 화이트헤드(white‑head), 표면의 잔주름(superficial‑wrinkles), 오랜 습관으로 인한 깊은 주름(deeper‑wrinkles), 색소의 침착(pigmentation), 건선(psoriasis), 홍반(erythema), 피부 톤(skin tone)의 변화 등이 있다.

4.1 모공(pore)

피부 표면에 육안으로 식별이 가능한 깔때기 모양의 구조를 갖고 있다. 연령이 증가할수록 커지는 경향이 있으며, 유분을 공급하는 피지선이 모낭으로 연결되어 모공을 통해 배출된다.

4.2 색소침착(pigmentation)

피부색을 결정하는 멜라닌 색소가 과도하게 생성되어 각질층에 축적된 결과이다. 자외선에 노출된 피부가 일시적으로 생성하는 즉시형 색소침착과 자외선에 노출 후 48시간 이상 경과된 후부터 발현되는 지연성 색소침착이 있다.

4.3 주름(wrinkle)

진피 내 교원섬유(collagen)와 탄력섬유(elastin)의 감소로 인해 표피의 소능과 구릉이 완만해 지면서 임상적인 주름이 형성된다. 이마에 생기는 가로 주름, 코와 턱 사이의 팔자주름, 미간 주름, 눈가에 생기는 '새의 발' 주름, 입 주변의 주름 등이 있다.

4.4 피부 톤(skin tone)

피부의 톤은 멜라닌 색소(melanin)의 양과 분포, 헤모글로빈(hemoglobin)·카로틴(carotene)과 같은 색소의 양, 피부의 두께와 빛의 반사도, 혈류량 등의 요인에 의해 결정된다. 그 외 유전적인 요인, 혈류량, 발한량 등의 영향을 받는다.

4.5 홍반(erythema)

자외선에 피부가 노출되어 붉어지는 현상을 홍반이라고 하며, 오랜 시간 지속되는 경우 피부에 화상을 입히거나 수포 같은 물집이 생기게 된다.

4.6 과각질화(hyperkeratinization)

각질세포는 피부 표면으로부터 층판 지질이 분해되고, 결합체의 세포 간 결합이 소실된 후에 피부 표면으로부터 떨어져 나가는 각질형성세포의 세포 분화(각화, keratinization) 과정의 특징이 외부 환경의 자극이나 노화로 인해 각화 주기가 길어지면서 각질이 눈에 띄게 증가하는 현상을 의미한다.

4.7 피부 상태에 따라 나타나는 피부 변화

4.7.1 민감성 피부(sensitive skin)

화학적, 환경적인 반응에 예민한 유형으로 외부 온도 차이에 따라 즉각 반응한다. 고령화됨에 따라 예민 반응이 잦다. 민감도는 눈 주위, 입 주위, 목, 볼, 이마 순이다.

원인으로는 유전, 자외선, 환경적인 요인, 알레르기 환자, 당뇨병, 갑상선 기능장애, 자율신경계의 불안 등이 있다. 정상 피부나 건성 피부의 경우에 과도한 필링이나 잘못된 피부관리로 민감성 피부가 될 수 있으며, 여드름 관리를 위한 항염제 등을 오래 사용하면 수분을 잃어 민감한 피부가 되기 쉽다.

(1) 특징

① 피부결이 얇고 모공이 거의 보이지 않으며, 피부의 색소침착 현상이 잘 생긴다.
② 피부조직이 섬세하고 외부 자극에 쉽게 거칠어진다.
③ 투명하고 환경 변화에 예민하다.
④ 피부 저항력이 약해 홍반, 수포가 나타나기 쉬우며 붉은 염증성 현상이나 알레르기 반응이 동반되기 쉽다.
⑤ 모세혈관 확장, 화장품에 민감하게 반응한다.
⑥ 피부 건조하고, 세안 후 당기고 각질이 생기기도 하며 잔주름이 생기기 쉽다.

(2) 관리법

① 민감성 피부는 심리적, 정신적으로 예민한 경우가 많으므로 이완 관리를 한다.
② 자극에 대한 저항력이 약하며 최소한의 자극을 원칙으로 세심한 관리를 한다.

③ 자극을 줄일 수 있는 관리법이 필요하며 면역력을 강화시키는 가벼운 림프 드레이니지(lymph drainage)가 효과적이다.

④ 고농축, 고영양의 제품보다는 부드러운 타입의 기본 제품을 사용하는 것이 효과적이다.

⑤ 알코올 프리 제품을 사용하고, 진정과 보습을 할 수 있는 수딩 토너를 선택한다.

⑥ 보습 효과가 좋은 제품을 사용하고 지나친 유분 공급은 피부에 자극을 주므로 주의한다. 보습 에센스, 에몰리언트 크림, 수딩 크림 등을 사용한다.

⑦ 보습과 진정 위주의 팩을 해주고 티슈 오프 타입(tissue off type)의 저자극 제품을 선택하여 관리한다.

4.7.2 모세혈관 확장 피부(telangiectasia)

모세혈관이 약화, 확장, 파열되어 붉은 실핏줄이 보이는 피부로 섬세하며, 표피가 매우 얇고 털이 무척 가늘어 여려 보인다. 피부의 탄력성이 완화되어 근육이 늘어진다. 내적 원인은 선천적으로 약한 혈관, 비타민 부족, 스테로이드제 내복, 스트레스 불안 등이 있으며, 외적 원인으로 방사선 조사, 강한 바람, 사우나 등이 있다.

(1) 특징

① 모세혈관이 늘었다 줄어드는 과정에서 원 상태로 돌아가지 못하고 늘어져 있는 상태이다.

② 확장된 혈관으로 혈액이 많이 몰리게 되면 세포의 성장이 빨라져 각질 탈락 주기가 빨라지게 되어 민감성 피부에서처럼 각질층이 얇아지고 피부 문제가 발생한다.

③ 외부의 온도에 민감하여 기온의 차이에 피부색 변화한다. 추위에 쉽게 푸르게 되며 겨울철에는 울혈 현상이 나타나기도 한다.

④ 알레르기가 발현한다.

⑤ 피부가 흰 사람에게 잘 보이고 조직이 얇고 건조한 노화 피부에 주로 볼 수 있다.

(2) 관리법

① 강한 수기법은 사용하지 않으며 면역 강화에 효과적인 림프 드레이니지로 관리하면 효과적이다.

② 보습과 진정, 혈관 강화를 목적으로 관리한다.

③ 혈관 강화 목욕법(냉온욕)으로 관리한다.

④ 혈관을 튼튼하게 해주는 비타민 P, 비타민 C를 섭취한다.

⑤ 일광에 주의한다.

⑥ 고주파 간접 마사지가 효과적이다.

⑦ 기초 화장품은 저자극성 제품을 선택하여 사용한다.

⑧ 커피, 콜라, 뜨거운 음식, 자극성 있는 음식은 혈관 확장에 영향을 미치므로 자제한다.

⑨ 미지근한 물로 세안하고 찬물로 헹구어 준다.

⑩ 모세혈관 벽을 튼튼하게 할 수 있는 비타민 C 함유 모델링 마스크를 한다.

4.7.3 여드름 피부

여드름은 피지선의 이상으로 오는 문제성 피부로서 여드름 피부는 지성 피부에서 파생된 피부 유형으로 무피지선의 만성 염증성 질환이라 할 수 있다.

(1) 특징

① 염증성, 비염증성 여드름이 있다.

② 사춘기에 심하다.

③ 모공 확장, 오렌지 피부를 가지고 있다.

④ 2차성 색소침착이 나타날 가능성 높다.

⑤ 피부결은 거칠고 염증과 흉터로 인해 울퉁불퉁한 편이다.

⑥ 피지 분비가 많고 피부가 지저분한 편이며, 여드름으로 인해 민감한 반응을 일으키기도 하며 홍반을 동반하기도 한다.

(2) 관리법

① 적절한 예방과 관리로 증상을 악화시키지 않도록 한다.

② 피부질환, 심한 경우 피부과 전문의에 의뢰한다.

③ 자율신경을 강화(호르몬 밸런스)한다.

④ 염증이 나타난 여드름은 완전히 화농된 후 올바른 방법으로 적출한다.

⑤ 정기적으로 각질 제거를 한다.

⑥ 항염증 작용과 재생 기능이 있는 스킨토너를 사용하고, 피부 정화 효과가 있는 정화(purifying) 화장수도 효과적이다.

⑦ 진정(soothing), 재생(repair), 정화(purifying)작용을 하는 크림 팩이나 모델링 마스크를 사용한다.

⑧ 여드름 관리 후에는 흉터 및 색소 관리에 초점을 두어 프로그램을 설정한다.

05

준비 및 위생

Basic Aesthetic Treatment

05 준비 및 위생

5.1 베드 및 작업대 준비

5.1.1 베드 정리

① 베드 규격에 맞는 베드 보를 사용하여 커버한다.

② 1회용 위생 덮개지 또는 깨끗한 대 타월을 깔아 준다.

③ 고객의 머리, 어깨 부분에 중 타월을 깔아 준다.

④ 고객의 머리 부분에 헤어 터번을 준비한다.

⑤ 관리받는 동안 고객을 덮어 줄 담요를 준비한다.

⑥ 제품이 담요에 묻는 것을 예방하기 위하여 중 타월을 사용하여
   커버한다.

⑦ 낮은 목 베개를 준비한다.

5.1.2 작업대 준비

작업대는 이동식 웨곤이 사용하기 편리하며 관리 전 알코올이 70% 이상 함유된 소독제로 소독하여 준비한다.

(1) 작업대 준비물

스패튤라(spatula), 화장솜(cotton), 거즈(gauze), 면봉(swab), 가위(scissors), 티슈(tissue), 보올(bowl), 팩 브러시(pack brush), 핀셋(forceps), 스팀 타월(steam towel), 해면(sponge), 족집게(tweezers),

눈썹 브러시(eye brush), 눈썹 수정용 칼, 쓰레기통(dust box), 관리
계획 차트(care plan chart), 화장품(cosmetics)

5.1.3 기본 기기

확대경(magnifying lamp), 우드 램프(wood lamp), 스티머(facial
vaporizer), 피부 pH 측정기, 유·수분 측정기, 스프레이(spray
machine), 압출기(suction), 프리마돌(brush machine), 아이온스
(ionos), 갈바닉 기계(galvanic machine), 적외선 등(infrared lamp),
자외선 소독기(UV-sanitizer), 온장고(hot box), 타월 스팀기(towel
warmer), 멸균기(dry/cabinet sanitizer), 고주파 전류기(high frequency
machine), 피부 스캐너(skin scnner), 제모 기기, 파라핀 기기

5.2 피부관리사가 지켜야 할 사항

① 의료기구와 의약품을 사용하지 않는 순수한 화장 또는 피부미용(피
부 상태 분석, 피부관리, 제모, 눈썹 손질)을 한다.
② 점 빼기, 귓불 뚫기, 쌍꺼풀 수술, 문신, 박피술 그 외에 이와 유사한
의료 행위는 해서는 안 된다.
③ 사용하는 기구는 소독한 것과 소독을 하지 아니한 기구로 분리하여
보관한다. (미용기구의 소독 기준 및 방법은 보건복지부령으로 정
한다.)
④ 소독기, 자외선 살균기 등 도구를 소독하는 장비를 갖추어야 한다.
⑤ 피부관리사 면허증을 영업소 안에 게시해야 한다.
⑥ 영업장 안의 조명도는 100룩스 이상이 되도록 유지한다.
⑦ 시설 이용자의 건강을 해칠 우려가 있는 물질은 사용하지 않는다.
(오염 물질의 종류와 허용 기준은 보건복지부령으로 정한다.)
⑧ 매년 4시간의 위생교육을 받는다.

5.3 소독(disinfection)

5.3.1 소독

세균의 아포를 제외하고 동물 및 사람에게 직접적으로 질병을 유발하는 표적이 되는 병원성 미생물만을 제거하는 것을 말한다.

5.3.2 멸균(살균)

병원성과 비병원성을 불문하고 미생물을 모두 제거시키는 것으로 살균 후에는 완전히 무균 상태가 된다.

5.3.3 소독제

질병을 일으키는 미생물(박테리아)을 죽이는 화학물질을 총칭한다.

5.3.4 방부제

박테리아의 성장을 막는 화학물질, 박테리아를 파괴하지는 못하고 성장을 억제하는 역할을 하는 물질을 의미한다.

5.3.5 살균제(살충제)

박테리아를 무해하게 만들기 때문에 일반 관리실에 많이 사용한다.

5.3.6 무균 상태

무균 상태란 감염의 원인이 될 수 있는 유기체가 없는 것을 의미한다.

5.3.7 관리실에서 주의해야 할 병원균

(1) 진균류

피부, 두피, 손톱에서 자라며 전염 가능성이 높다.

(2) 균류

엽록소가 없는 식물 타입의 미생물이다.

(3) 곰팡이에 의해 일어나는 피부병

두부백선이 유발될 수 있다.

(4) 리케치아(rickettsia)

감염된 절지동물이 사람의 혈액을 흡입할 때 인체 내로 침입한다.

(5) 박테리아(bacteria)

단세포 미세 유기체이다. 병원성과 비병원성 모두 있으며, 특히 밀폐된 공공 장소에 집중되어 있으므로 박테리아를 멸균시키는 소독제는 필수적으로 갖추어야 한다. 박테리아에 의해 일어나는 피부질환에는 농가진을 예로 들을 수 있다. 병원성 박테리아가 성장하기에 37℃가 가장 적당하다.

(6) 바이러스

살아 있는 세포조직에만 증식하는 매우 작은 유기체이다. 사람들이 많이 모이는 장소에서 유행성으로 전염되며 혈청이나 체액에 의해 전염이 될 수 있다. 가장 작은 미생물이며 유발되는 피부질환은 대상포진이 대표적이다.

(7) AIDS

림프구를 파괴시키는 바이러스에 의한 질병을 말한다.

(8) Hepatitis B

간에 염증이 생긴 것을 의미한다.

(9) 개선(옴)

옴은 진드기에 의한 전염성 질환으로 각질층에 구멍을 뚫고 누공을 형성해 상처에 의해 습진을 일으키기도 하며 심한 소양증을 동반한다.

(10) 이증

이에 의해 발생한 피부질환을 말한다.

5.3.8 감염성 피부질환

(1) 박테리아(세균)

① 봉소염, 봉와직염(cellulitis)
② 농가진(impetigo) : 화농균이 원인
③ 모낭염(folliculitis) : 염증, 구진
④ 절종, 종기(furuncle)
⑤ 농양(abscess)

(2) 바이러스 : 피부에 가피

① 홍역, 풍진, 수두
② 단순포진, 대상포진(피부의 신경에 감염)
③ 헤르페스성 질환
④ 사마귀(파필로마 바이러스, wart) : 세균성 바이러스

(3) 진균(곰팡이, 효모)

① 캔디다증
② 백선 : 족부백선, 수부백선, 완선, 체부백선, 두부백선, 조갑백선
③ 전풍(어루러기) : 피부가 자외선에 노출되었을 때 작은 흰 얼룩이
　나타난다.

(4) 동물기생충

① 진드기, 이, 개선 : 침입하여 파고 들어간 모양이 유선 형태를 나타내며 매우 가려운 피부 기생충증이다.

5.4 소독 및 멸균 방법

5.4.1 물리적 멸균 방법

(1) 건열소독법

① 건조한 상태를 유지시켜 미생물을 제거하는 방법으로 200~320℃ 사이의 강한 열이나 불을 이용하여 박테리아를 살균
② 소각법, 화염멸균법, 건열멸균법

(2) 습열소독

① 끓이는 방법과 찌는 방법
② 저온소독법, 자비소독법이 있다.
③ 고압증기멸균법 : 고압 솥에서 121℃로 15~20분간 적용하여 아포까지 완전히 멸균시킬 수 있어 주사기, 수술 기구, 거즈, 의류 등을 소독할 때 매우 효과적이다. B형 간염(간에 염증이 생긴 것)에 대한 멸균소독은 고압증기멸균법을 적용한 고압 증기 솥을 사용한다.

(3) 자외선 소독

자외선 소독기로 20분간 소독 및 위생 처리를 한 후에 기구들을 멸균시키는 가장 좋은 방법으로 살균 대상 물질에 거의 변화를 주지 않아서 일반적으로 많이 사용된다.

5.4.2 화학적 소독 방법(소독제 사용)

액체 상태의 방부제와 살균제를 이용하여 소독한다.

5.5 소독제의 종류

5.5.1 알코올(alcohol)

① 일반 세균, 결핵균, 바이러스, 진균, 세균 포자에 대하여 소독력이 있으며, 50% 미만의 농도에서는 살균력이 급격히 감소한다.
② 60~90%의 농도가 가장 효과적이다.
③ 피부 소독에 사용하는 것으로 솜은 멸균된 것을 이용한다.
④ 종류는 ethyl-alcohol, n-propyl alcohol, isopropyl alcohol이 있다.
⑤ 피부 소독제 중 가장 안전하고 작용이 빠르다는 장점이 있지만 70% 이상인 경우 피부 건조로 인한 피부염이 유발될 수도 있다.
⑥ 손이 젖을 정도의 양으로 1분간 문지르면 소독 비누를 사용하여 4~7분간 문지른 효과와 같다.
⑦ 알코올 용기는 사용 후 멸균한다.

5.5.2 2% 글루타르알데히드(glutaraldehyde)

일반 세균은 2분, 결핵균·진균·바이러스는 10분, Bacillus·Clostridium 포자는 3시간 적용하면 살균력이 있다.

5.5.3 계면활성제

① 병실이나 복도 바닥 등의 청소 용도로 사용된다.
② 테고, 아이졸 헥사졸 등의 양성 계면활성제가 있다.

5.5.4 염소 및 염소 화합물

① 가격이 비싸지 않고 살균 효과가 빠르다.
② 거의 모든 미생물에 살균 효과가 있다.
③ 수돗물로 희석한 염소 소독제는 한 달 동안 유효하지만 시간이 지나면서 유리염소의 양이 감소한다.
④ 부식성이 강하고 장기간 보관 시 소독 효과가 감소한다는 단점이 있다.

5.5.5 클로르헥시딘(chlorhexidine)

① 피부와 점막의 소독제로 사용된다.
② 피부에 존재하는 그람 양성균에는 소독력을 보이지만 결핵균, 아포에는 소독 효과가 없다.
③ 효과는 6시간 지속되며 각막과 중이에 접촉되는 경우 청력을 상실할 우려가 있다.

5.5.6 요오드 화합물(iodine)

① 요오드에 액화 물질을 첨가하여 사용하는 수용성 소독제로 손을 씻을 때 주로 사용한다.
② 일반적으로 요오드와 계면활성제의 결합물(povidone-iodine)이 사용된다.
③ 독성과 자극이 작으며 적용 범위가 넓다.
④ 착색의 우려가 있으므로 사용 후 닦아 낸다.

5.6 피부 소독제(antiseptics)

인체의 조직이나 피부에 사용하는 소독제를 말한다. 병원성 미생물의 발육과 작용을 지지 또는 정지시켜 부패나 발효를 방지하는 방부의 의미와도 같다.

5.7 화학 멸균제(chemical sterilant)

곰팡이와 세균의 아포를 포함한 모든 미생물을 제거하는 것을 말한다.

5.8 세척(cleansing)

소독이나 멸균 전에 실시하는 과정으로 물, 기계적 마찰, 세제 등을 사용한다. 토양과 유기물 등 모든 종류의 이물질을 제거하는 것을 말한다.

06

관리 계획 차트 작성하기

Basic Aesthetic Treatment

관리 계획 차트 작성하기

6.1 피부 분석(skin analysis)

피부 유형과 피부 상태를 분석하여 피부관리의 목적을 세우고 전반적
인 관리 계획을 구체적으로 세우는 과정이다. 전문 관리사의 육안으로
측정하는 육안 측정법이 있으며, 문진 · 견진 · 촉진의 방법을 사용하기
도 하며 일반적으로 사용되는 기기는 확대경(magnifying lamp), 우드
램프(wood lamp), 스킨 스코프(skin scop), 유 · 수분 측정기 등이 있다.

6.2 관리 계획 차트 작성 목적

고객의 피부 유형과 상태를 고려하여 체계적인 관리와 최대의 관리 효
과를 목적으로 상담한 결과를 기록하는 과정이다.

고객의 건강 상태, 생활 환경, 피부 문제, 방문 동기, 목적, 개인 신상 등
의 정보를 정리해 놓음으로써 단계별 피부관리 계획을 세우고 피부 상태
변화에 대처하거나 담당 관리사가 바뀌었을 때 정보를 제공할 수 있는
기초 자료로 활용할 수 있다.

6.3 관리 계획 차트 구성 요소

6.4 관리 계획 차트 작성 시 주의사항

① 고객의 정보는 자세히 기록한다.
② 피부관리의 목적과 기대 효과, 그리고 각 관리 과정은 소요 시간 (분), 사용한 제품의 유형, 사용 도구 및 기기, 관리 방법 등 구체적으로 기록한다.
③ 관리 받은 날짜와 시간, 다음 관리받을 날짜, 지속적인 관리 주기, 담당 관리사 이름은 반드시 작성한다.
④ 관리 전과 관리 후 피부 상태를 기록하여 비교하고 추후 관리 계획에 참고하도록 한다.
⑤ 관리 계획 차트에 작성된 내용은 절대로 외부에 유출해서는 안 된다.

[표 6-1] 고객관리 차트(Client Treatment Chart) 예시

고객관리 차트(Client Treatment Chart)　　　　　　　　　　　*NO :_____*

성명 :	(남, 여)	주소 :		
		연락처 :		
직업 :		관리 날짜 : 20　.　.　.		

인적 사항	연　령 :		결혼 (유·무)	
	관리 주기 :		자녀 수 :	
	생리 주기 :		마지막 생리 날짜	
	복용하고 있는 약(병원처방)		인공장기 (유·무)	
	취미생활/운동(주)			

피부 테스트	주름	상 □	중 □	하 □
	모공	상 □	중 □	하 □
	색소침착	상 □	중 □	하 □
	홍반	상 □	중 □	하 □
	탄력	상 □	중 □	하 □
	민감도	상 □	중 □	하 □
	혈액순환	상 □	중 □	하 □

피부 유형 및 피부 상태	
	범례 ■ : milia　　×: comedo ▨ : pigmentation　~: wrinkle : erythema　　● : open pore
결론 :	

세부 계획	관리 과정	소요 시간 (분)	사용한 제품의 유형	사용 도구 및 기기	구체적인 관리 방법
	클렌징				
	딥클렌징				
	메뉴얼 테크닉				
	팩				
	마스크				

자가관리 조언	Day :
	Night :
	Weekly:

추후 관리 계획	

[표 6-2] 표 관리 계획 차트 예시

관리 계획 차트(Care Plan Chart)				
비번호 :			시험 일자 20 . . . (부)	
관리 목적 및 기대 효과	관리 목적 :			
	기대 효과 :			
클렌징	□ 오일	□ 크림	□ 밀크/로션	□ 젤
딥클렌징	□ 고마지(gommage)	□ 효소(enzyme)	□ AHA	□ 스크럽
메뉴얼테크닉 제품 타입	□ 오일	□ 크림	□ 앰플	
손을 이용한 관리 형태	□ 일반	□ 림프		
팩	T - 존	□ 건성 타입 팩	□ 정상 타입 팩	□ 지성 타입 팩
	U - 존	□ 건성 타입 팩	□ 정상 타입 팩	□ 지성 타입 팩
	목부위	□ 건성 타입 팩	□ 정상 타입 팩	□ 지성 타입 팩
마스크	□ 고무마스크	□ 석고마스크		
고객 관리 계획	1주 :			
	2주 :			
	3주 :			
	4주 :			
자가관리 조언 (홈케어)	제품을 사용한 관리 :			
	기타 :			

※ 관리 계획표는 요구하는 피부 타입에 맞추어 시험장에서의 관리를 기준으로 하시오.
※ 고객관리 계획은 향후 주단위의 관리 계획을, 자가관리 조언은 가정에서의 제품 사용을 위주로 간단하고 명료하게 작성하며 수정 시 두 줄로 긋고 다시 쓰시오.
※ 체크하는 부분은 주가 되는 하나만 하시오
※ 고객관리 계획에서 마스크에 대한 사항은 제외하며, 마무리에 대한 사항은 작성하시오.

* 출처 : 한국산업인력관리공단 미용사(피부) 실기시험 응시자 공지사항

07

클렌징

Basic Aesthetic Treatment

07 클렌징(cleansing)

7.1 클렌징의 목적

피부 표면에 묻어 있는 화장품, 피지, 먼지 등을 제거하는 과정으로 포인트 메이크업 클렌징과 안면 클렌징으로 나눌 수 있다. 포인트 메이크업 클렌징 과정은 눈과 입술의 화장을 지우는 과정으로 화장솜과 면봉을 사용하며 강한 압을 주어 누르지 않도록 주의한다. 안면 클렌징 과정은 눈과 입술을 제외한 얼굴 전체를 클렌징하는 과정으로 얼굴과 쇄골 아래 3cm 범위까지 클렌징한다.

7.2 클렌징의 효과

클렌징은 피부관리의 효과를 높이는데 중요한 과정으로 메이크업을 제거하고, 피부 표면의 유성 노폐물과 모공 내의 노폐물을 제거하여 깨끗하고 건강한 피부를 가꾸는 데 있다. 클렌징으로 피부조직과 혈액순환이 자극되어 피부색을 좋게 하고 세포 재생을 돕는다. 클렌징을 할 때에는 피부 유형, 알레르기 유무, 연령, 피부의 상태를 고려하여 피부에 자극을 주지 않고 클렌징이 잘되는 제품을 선택하여야 한다.

화장솜, 포인트 메이크업 리무버, 클렌징 제품, 토너(스킨로션), 면봉, 티슈, 해면, 스팀 타월 등을 준비한다.

63

7.3 클렌징 제품의 유형과 종류

7.3.1. 클렌징 크림(cleansing cream)

① 지성 피부, 두꺼운 화장, 유분의 잔여물을 클렌징 할 때 사용하면 효과적이다.
② 이중 세안이 필요하다.
③ 예민 피부에 사용하기에는 부적합하다.

7.3.2 클렌징 로션(cleansing milk)

① 수분 형태의 잔여물을 클렌징 할 때 사용하면 적당하다.
② 진한 화장을 클렌징 하는 경우가 아니라면 이중 세안이 요구되지 않는다.
③ 식물성 원료 함유하고 있어 건성 피부에 적합하다.
④ 피부 자극은 적으나 세정력은 다소 떨어진다.

7.3.3 클렌징 워터(cleansing water)

① 포인트 메이크업을 지울 때와 화장 전 피부를 청결히 할 때 산뜻한 느낌을 주며 클렌징 할 수 있다.
② 예민한 피부의 세정을 위해 적당하다.

7.3.4 클렌징 젤(cleansing gel)

① 유성과 수성 두 가지 타입이 있다.
② 수성 타입은 오일 성분이 없는 점액질 수성 원료가 주요 성분이며 자극이 적고 산뜻한 느낌을 주나 세정력은 다소 떨어진다. 유성 성분에 민감한 피부, 알레르기가 있는 피부, 화농된 여드름 피부에 사용이 용이하다.

③ 유성 타입은 짙은 화장을 클렌징 할 때 사용하면 클렌징 효과를 높일 수 있다.

7.3.5 클렌징 오일(cleansing oil)

① 피부에 자극 없이 사용할 수 있다.
② 노화 피부, 예민 피부, 건성 피부(수분 부족)에 용이하게 사용할 수 있다.
③ 눈 화장, 입술 화장 제거 시에도 사용할 수 있다.

7.3.6 폼 클렌징(cleansing foam)

① 비누와 유사한 알칼리성 타입 클렌징 폼
② 기포 생성, 세정력이 좋다.
③ 이중 세안에 사용
④ 약한 화장의 경우 폼 클렌징만 사용해도 충분하다.

7.4 클렌징 동작

7.4.1 포인트 메이크업 클렌징(point make-up cleansing)

클렌징의 첫 번째 단계로 젖은 화장솜과 면봉에 포인트 메이크업 리무버를 묻혀 눈과 입술의 색조 화장을 지우는 과정이다. 눈의 아이섀도, 아이라인, 마스카라와 입술의 립스틱, 립라인, 립그로즈 등을 지운다. 눈과 입술 부위는 민감하므로 눈과 입술 전용 제품을 이용하여 자극을 주지 않도록 주의한다.

(1) 눈 화장 지우기 주의사항

① 눈을 세게 누르지 않도록 주의한다.

② 눈이나 입에 제품이 들어가지 않도록 주의한다.

③ 신속하고 깨끗하게 닦아 낸다.

(2) 눈 주변 조직의 특징과 주의사항

① 각질층이 얇고, 피지선, 한선이 발달하지 못하여 분비 기능이 약화되어 있다.

② 점막 혈액순환과 림프 순환이 좋지 않다.

③ 가장 많이 움직이는 부분으로 쉽게 피로해지고 건조해진다.

④ 눈 주위는 노화가 가장 먼저 시작되는 부분이다.

[표 7-1] 포인트 메이크업 클렌징 동작

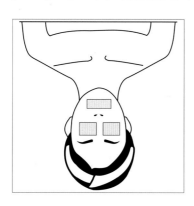

① 화장솜 올리기

젖은 화장솜에 포인트 메이크업 리무버를 묻힌 후 눈과 입술 위에 올려놓는다.

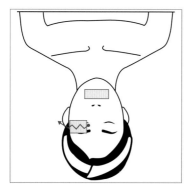

② 눈 화장 지우기

눈 위의 화장솜에 2, 3, 4지를 이용하여 위아래로 부드럽게 움직이며 눈 앞머리에서 눈꼬리 방향으로 닦아 낸다.

③ 아이섀도 지우기

한 쪽 손으로 눈썹 산을 홀딩하고 눈꺼풀 위쪽(상안)
을 위에서 아래쪽 방향으로 아이섀도를 닦아 낸다.

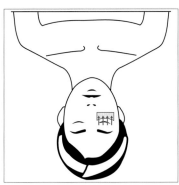

④ 마스카라 지우기

젖은 화장솜에 포인트 메이크업 리무버 묻힌 후 속
눈썹 아래쪽에 놓고 포인트 메이크업 리무버가 묻은
면봉을 뉘어서 마스카라를 닦아 낸다.

⑤ 아이라인 지우기

포인트 메이크업 리무버가 묻은 면봉을 뉘어서 아이
라인의 안에서 밖으로 닦아 낸다.

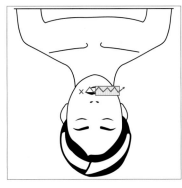

⑥ 입술 지우기

왼쪽 입꼬리를 홀딩한 후 입술 위의 화장솜에 2, 3,
4지를 올려놓고 위아래로 부드럽게 움직이며 왼쪽
에서 오른쪽으로 닦아 낸다(반대쪽도 동일). 윗입술
을 위에서 아래로 닦아 주고, 아랫입술을 아래서 위
로 닦아 준다. 면봉을 사용하여 입술 사이에 남아 있
는 립스틱을 깨끗하게 지운다.

[표 7-2] 포인트 메이크업 클렌징 응용 동작

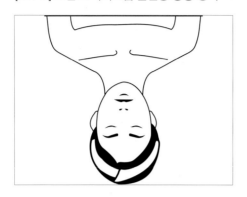

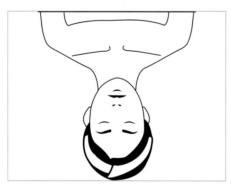

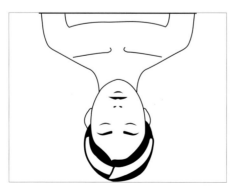

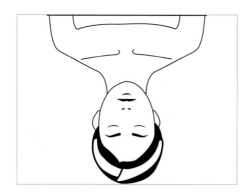

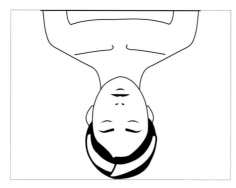

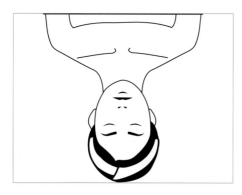

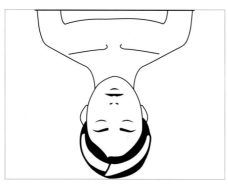

7.4.2 안면 클렌징(facial cleansing)

피부 표면에 묻어 있는 노폐물, 먼지, 피지 메이크업 잔여물을 제거하여 피부 표면을 부드럽게 한다. 피부의 혈액순환 및 생리 기능을 촉진시켜 주고 다음 관리 단계의 효과를 도와준다. 피부 유형에 적합한 제품을 선택하여 클렌징 한다.

[표 7-3] 안면 클렌징 동작

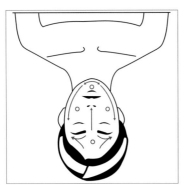

① 제품 도포

스패튤라를 사용하여 적당한 양의 제품을 이마, 볼, 턱에 덜어낸 후 쓰다듬기 동작으로 이마, 코, 턱으로 내려갔다가 안면 외곽을 지나 올라오는 방법으로 부드럽게 도포한다.

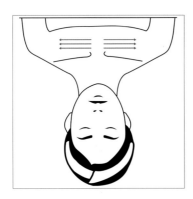

② 데콜테(쇄골 아래 3cm) 쓰다듬기

흉골두를 기준으로 양손을 사용해 좌우 교대로 쇄골 아래 3cm 범위까지 가로 방향으로 쓰다듬기 한다.

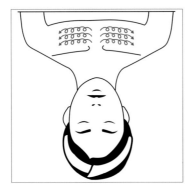

③ 데콜테(쇄골 아래 3cm) 작은 원 그리기

쇄골부터 쇄골 아래 3cm 범위를 가로로 3등분하고, 흉골두를 기준으로 좌우 동시에 용수철 모양으로 원을 그리며 마찰한다.

④ 데콜테(쇄골 아래 3cm) 큰 원 그리기

흉골두를 기준으로 쇄골부터 쇄골 아래 3cm 범위
를 좌우 동시에 큰 원을 그리며 마찰한다.

⑤ 데콜테(쇄골 아래 3cm) 쓰다듬기

②의 동작을 반복한다.

⑥ 목(광경근) 쓸어내리기

목의 중앙에서 좌우측 끝까지 위에서 아래 방향으로
쇄골까지 부드럽게 쓰다듬기 한다.

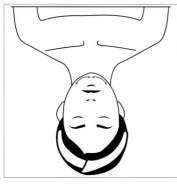

⑦ 턱 쓰다듬기

턱 중앙에서 좌우 측면 끝까지 좌우 동시에 쓰다듬
기 한다.

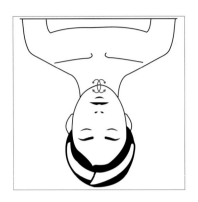

⑧ **턱(이근) 마찰하기**

턱 중앙 부위를 양손 엄지손가락을 사용하여 반원을
그리듯 마찰한다.

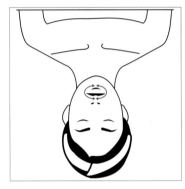

⑨ **입술 주변(구륜근) 마찰하기**

양손 엄지손가락으로 입술 주변의 구륜근을 반원을
그리듯 마찰한다.

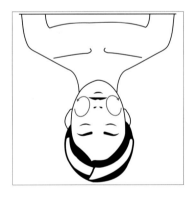

⑩ **볼(대 · 소관골근) 전체 쓰다듬기**

양손을 얼굴 중앙에서 외곽 방향으로 쓰다듬기 한다.

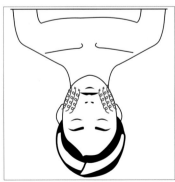

⑪ **볼 3등분 쓰다듬기**

좌우 볼을 3등분하고, 양손을 동시에 얼굴 중앙에서
외곽 방향으로 용수철 모양으로 쓰다듬기 한다.

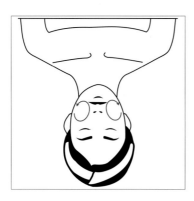

⑫ 볼(대 · 소관골근) 전체 쓰다듬기

⑩번 동작을 반복한다.

⑬ 콧방울 동글리기

세 번째 손가락을 45° 각도로 뉘여서 콧방울에서 콧등 방향으로 좌우 동시에 작은 원을 그리듯이 동글리기 한다.

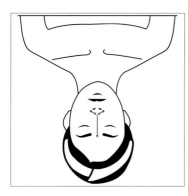

⑭ 코 시저(scissors, 비근, 비근근) 쓰다듬기

양손의 2, 3번째 손가락을 가위 모양으로 하고 코를 사이에 두어 교대로 콧방울에서 미간 쪽을 향하여 쓰다듬기 한다.

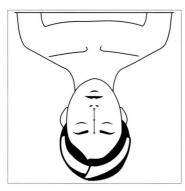

⑮ 콧등(비근) 쓰다듬기

콧방울에서 미간 쪽을 향하여 양손을 교대로 쓰다듬기 한다.

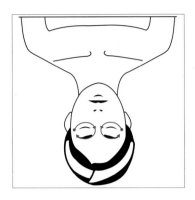

⑯ 눈(안륜근) 원 그리기

포인트 메이크업 리무버가 묻은 면봉을 뉘어서 아이라인의 안에서 밖으로 닦아 낸다.

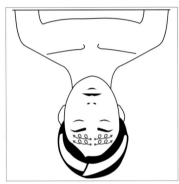

⑰ 이마(전두근) 원 그리기

이마 가운데에서 관자놀이까지, 눈썹부터 헤어라인 범위를 크게 원을 그리며 쓰다듬기 한다.

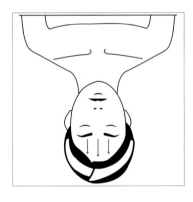

⑱ 이마(전두근) 쓰다듬기

눈썹에서 헤어라인까지 양손 바닥을 사용하여 부드럽게 쓰다듬기 한다.

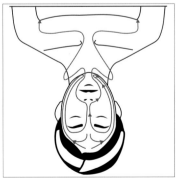

⑲ 마무리

이마 중앙 → 관자놀이 → 턱 끝 → 턱 중앙 → 턱 끝 → 관자놀이 → 이마 중앙 → 미간 → 콧방울 → 턱 중앙 → 턱 끝 → 흉쇄유돌근 → 흉골 → 쇄골의 순서로 길게 쓰다듬기 하면서 내려와 액와(겨드랑이)에서 마무리한다.

[표 7-4] 안면 클렌징 응용 동작

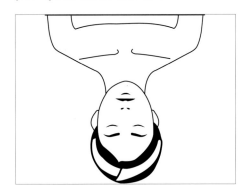

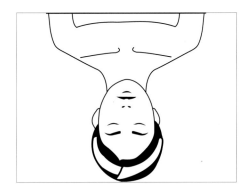

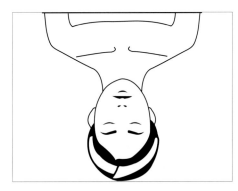

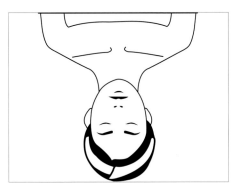

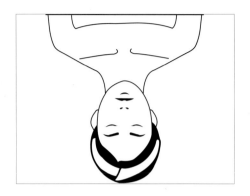

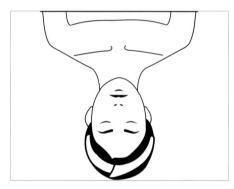

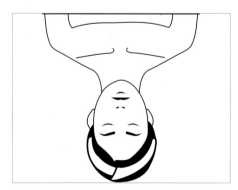

7.4.3 티슈(tissue) 사용 방법

일반적으로 유분이 많이 함유된 제품(크림, 오일, 밤)을 사용 후 제거할 때 사용하는 방법이다.

[표 7-5] 티슈(tissue) 동작

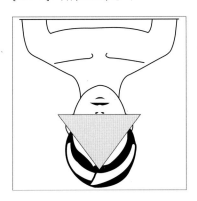

① 티슈 접기

티슈를 대각선 방향으로 접은 후 접힌 면을 콧등을 기준으로 가로 방향으로 오게 한다. 제품을 흡수하기 위해 가볍게 쓸어내린다.

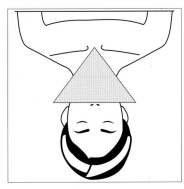

② 티슈 뒤집기

티슈의 모서리 중 한쪽을 홀딩하고 다른 한쪽을 뒤집어서 턱 아래 범위까지 덮은 후 쓸어내린다.

③ 데콜테 닦기

흉골을 기준으로 좌우 각각 1장씩 마름모 모양으로 덮은 후 부드럽게 쓸어내린다.

[표 7-6] 티슈 사용 방법 응용 동작

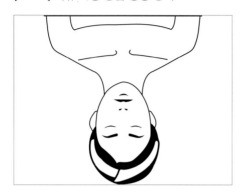

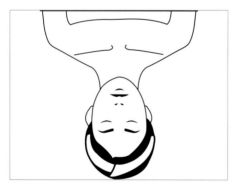

7.4.4. 해면(sponge) 사용 방법

클렌징이나 메뉴얼 테크닉 후 피부 표면에 남아 있는 제품의 잔여물을 제거하기 위한 방법으로 사용한다. 한 번 사용한 면은 다시 사용되지 않도록 해면의 면의 위치를 바꿔가며 사용할 수 있도록 충분히 숙달된 후에 사용하도록 한다. 해면은 유성·수성 성분의 흡수력이 뛰어나 보편적으로 사용되는 소모품이다. 유분이 적은 로션·밀크 타입이나 젤 타입 제품의 사용 시 마무리 과정에 사용하면 효과적이다. 사용 후 미지근한 물에 중성 세제를 풀어 충분히 거품을 낸 후 제품이 남아 있지 않도록 헹궈내며, 자외선 소독기(또는 70% 알코올)에 6시간 이상 보관 후에 사용하도록 한다.

[그림 7-1] 해면(sponge)의 종류

[표 7-7] 해면(sponge) 사용 방법

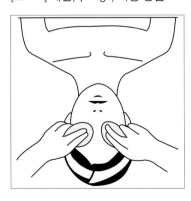

① 눈 닦아 주기
양손을 사용하여 좌우 동시에 상안과 하안을 닦아 준다. 눈망울에서 눈꼬리 방향으로 닦아 낸다.

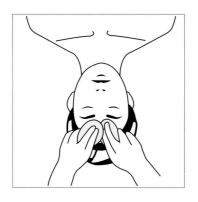

② 이마 닦아 주기

양손을 사용하여 좌우 동시에 이마 중앙에서 관자놀이 방향으로 쓸어주듯이 닦아 낸다.

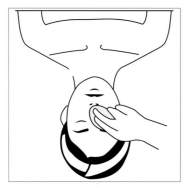

③ 콧등 닦아 주기

양손을 교대로 미간에서 콧방울 방향으로 쓸어내리듯이 닦아 준다.

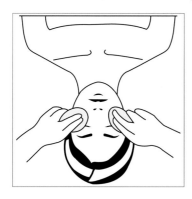

④ 볼 닦아 주기

양손을 사용하여 좌우 동시에 코 옆에서 귀의 방향으로 쓸어내리듯 닦아 준다.

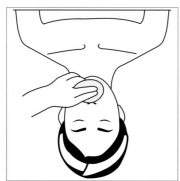

⑤ 입술 닦아 주기

입꼬리 한쪽을 홀딩하고 입술 산에서 입꼬리 방향으로 닦아 준다. 반대쪽도 동일한 방법으로 반복한다.

⑥ 턱 닦아 주기

양손을 사용하여 좌우 동시에 턱 중앙에서 턱 끝의 방향으로 닦아 준다.

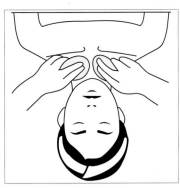

⑦ 목 닦아 주기

양손을 교대로 해서 위에서 아래 쇄골 방향으로 닦아 준다.

⑧ 데콜테 닦아 주기

양손을 사용하여 좌우 동시에 흉골을 기준으로 쇄골에서 쇄골 아래 3cm 범위까지 가로 방향으로 닦아 준다.

⑨ 마무리

어깨를 감싸고 상부 승모근을 지나 귀를 닦아 주면서 마무리한다.

[표 7-8] 해면 사용 방법 응용 동작

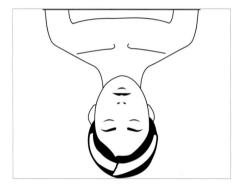

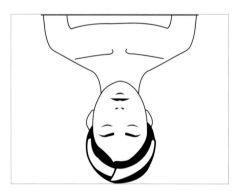

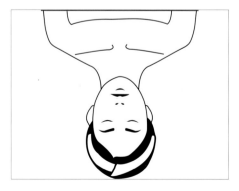

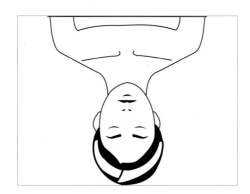

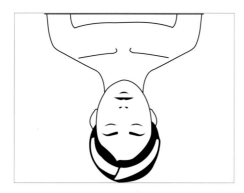

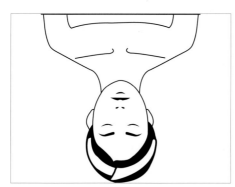

7.4.5 온 · 냉 습포(compress) 사용 방법

습포는 열로 피부층을 연결시켜 주는 작용을 하며 각질층을 부풀려 노폐물, 각질 제거에 도움이 된다. 냉 · 온습포를 사용하는 경우 사용 전 반드시 관리사의 손목 안쪽에서 온도 테스트를 한 후 고객에게 '차갑습니다.' 혹은 '뜨겁습니다.'라고 안내한 후에 적용하도록 한다.

습포의 크기는 40×20cm, 60×30cm 로 용도에 따라 온 습포, 냉 습포를 사용한다. 타올은 자비소독(100℃ 이상의 물로 20분 이상 삶음) 하며 위생과 청결을 유지해야 한다.

(1) 온 습포의 작용

① 클렌징 크림, 한선의 분비된 노폐물 제거한다.

② 피지선에서 분비된 피지, 화장품 잔여물을 제거한다.

③ 온 습포의 온도로 모공을 확장시켜 노폐물을 배출을 도와준다.

④ 각질을 연화시켜 노화 각질을 제거한다.

⑤ 혈액순환 촉진, 피지선을 자극, 피지 분비를 원활하게 한다.

⑥ 클렌징, 딥 클렌징, 마사지 끝난 후 사용한다.

⑦ 근육 이완을 도와준다.

(2) 냉 습포의 작용

① 모공 수축과 피부 수렴작용이 있다.

② 피부를 긴장시켜 주며 탄력 유지를 도와준다.

③ 진정작용과 염증 완화를 도와준다.

④ 자외선에 자극 받은 피부, 모세혈관 확장 피부에 사용한다.

⑤ 팩 적용 후 피부관리 마무리 단계에 적용한다.

[표 7-9] 온 · 냉습포 동작

① 온도 테스트

관리사의 손목 안쪽에서 온도를 테스트한다.

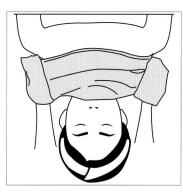

② 습포 얹기

코 밑에 습포를 가로 방향으로 얹고 콧구멍을 제외
한 안면을 삼각형 모양으로 완전히 덮어 준다.

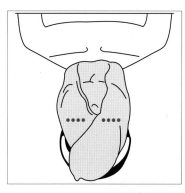

③ 눈 눌러 주기

양손을 사용하여 안륜근 주변을 부드럽게 눌러 준다.

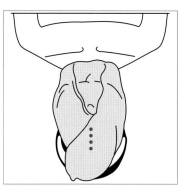

④ 이마 눌러 주기

양손을 사용하여 미간에서 헤어라인 방향으로 촘촘
히 눌러 준다.

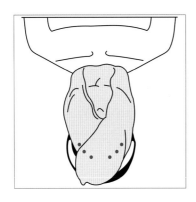

⑤ 헤어라인 눌러 주기

이마 가운데에서 관자놀이 방향으로 헤어라인을 눌러 준다.

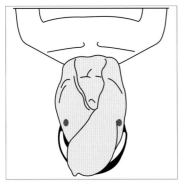

⑥ 관자놀이 눌러 주기

좌우의 관자놀이를 동시에 눌러 준다.

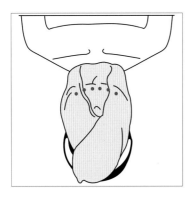

⑦ 턱 눌러 주기

엄지손가락은 턱 위로, 나머지 네 손가락은 턱 아래에 오게 한다. 턱 중앙에서 좌우측 끝까지 좌우 동시에 눌러 준다.

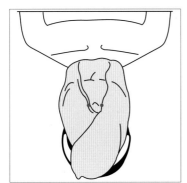

⑧ 콧방울 눌러 주기

두 번째 손가락을 사용하여 콧방울을 눌러 준다.

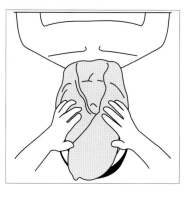

⑨ 관골 당겨 주기

손을 이마 위에 가볍게 올리고 2, 3, 4, 5 손가락을
사용하여 관골을 감싼 후 이마 방향으로 당겨 준다.

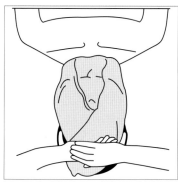

⑩ 이마 눌러 주기

양손의 엄지손가락을 사용하여 이마의 중앙 부분을
미간에서 헤어라인 방향으로 눌러 준다.

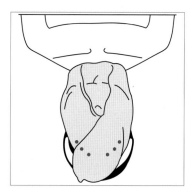

⑪ 헤어라인 눌러 주기

양손을 동시에 이마 가운데에서 관자놀이 방향으로
헤어라인을 따라 촘촘히 눌러 준다.

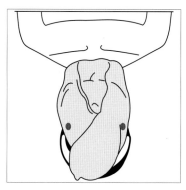

⑫ 관자놀이 눌러 주기

수근 부위로 좌우 관자놀이를 지긋이 눌러 준다.

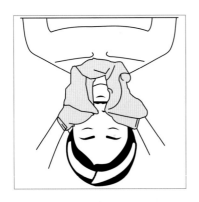

⑬ 얼굴 닦아 주기

얼굴을 덮고 있는 타올을 목 위로 내린 뒤 양손을 타월 사이에 넣는다. 해면과 같은 방식으로 타월의 위치를 조금씩 바꿔가면서 눈, 이마, 코, 볼, 입술, 턱의 순서로 닦아 준다.

⑭ 목 닦아 주기

목의 한쪽을 기준으로 위에서 아래 방향으로 쓸어주면서 다른 한쪽까지 닦아 준다.

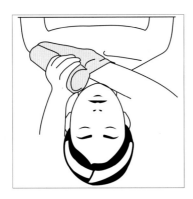

⑮ 데콜테 닦아 주기

반으로 접힌 타월을 오른손에 주름이 잡히지 않게 감싼 후 오른쪽의 목 → 가슴 → 어깨 → 귀의 방향으로 닦아 준다. (왼쪽의 목, 가슴, 어깨, 귀도 같은 방법으로 반복한다.)

[표 7-10] 온 · 냉 습포 응용 동작

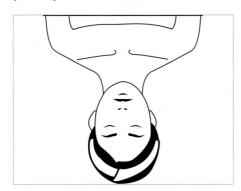

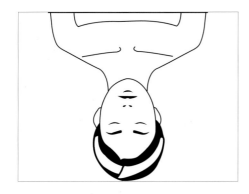

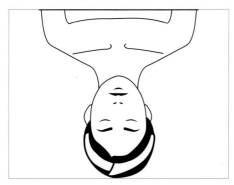

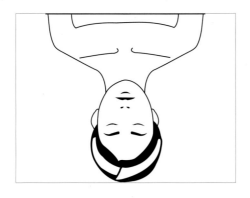

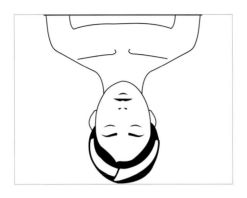

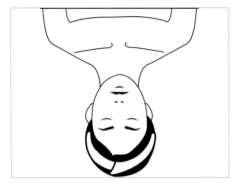

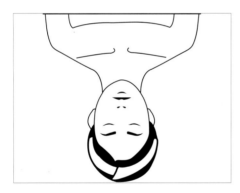

7.4.6 화장수(토너) 사용

알칼리성 제품의 사용 후 피부 표면에 남아 있는 제품의 제거 효과와 피부 표면의 pH 발란스를 맞춰 주기 위한 방법으로 사용된다.

토너의 기본 원료로는 알코올, 글리세린, 붕산, 과산화수소수 등이며 클렌징 후 크림을 닦아내듯 사용하는 알칼리성 토너인 유연성 토너, 아스트리젠트 등의 모공 수축 효과가 있고 지성 피부에 적합한 산성 화장수인 수렴성 토너가 있다. 그 외 pH 7 이상의 토너인 알칼리성 토너가 있으며 '벨쯔수'라고도 한다. 이 알칼리성 토너는 청정작용이 우수하다.

일반적으로 3번째 손가락에 화장솜을 끼워 얼굴 중앙에서 바깥쪽 방향으로 닦아내듯이 바른다. 얼굴 중앙을 기준으로 좌우로 나누어 오른쪽을 먼저 도포한 후 동일한 방법으로 왼쪽을 반복한다.

(1) 화장수의 역할

① 클렌징, 마사지, 팩 후에 잔여물을 제거를 도와준다.
② 피부를 청결하게 하고, 다음 단계를 받아들일 준비를 도와준다.
③ 각질층에 약간의 수분을 공급한다.
④ 피부 pH 유지를 도와준다.
⑤ 알코올의 함량과 성분의 차이로 유연 화장수(알칼리성 화장수)와 수렴 화장수(산성 화장수, 아스트리젠트)로 분류된다.

(2) 화장수의 분류

① 유연 화장수 : 알코올 함량 4% 이하로 스킨토닉, 후레시너 등이 포함되며 건성, 노화 피부에 적당하다.
② 수렴 화장수 : 알코올 함량 4% 이상의 화장수를 말한다.
③ 아스트리젠트 : 지성, 여드름 피부에 적당하다.

[표 7-11] 화장수(토너) 동작

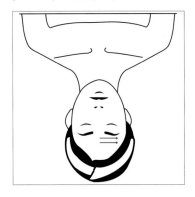

① 이마 토너 바르기

이마 중앙에서 바깥쪽으로 바른다.

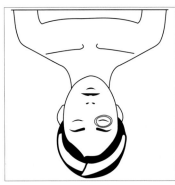

② 눈 원 그리기

눈꼬리에서 눈망울 안쪽으로 원을 그리며 도포한다.

③ 볼 쓸어내리기

코 옆에서 귀의 방향으로 쓸어내리듯 도포한다.

④ 입 원 그리기

입꼬리에서 인중의 방향으로 원을 그리며 도포한다.

⑤ 턱

턱 중앙에서 턱 끝 방향으로 쓰다듬기 동작으로 도
포한다.

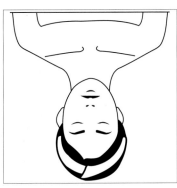

⑥ 반대쪽 토너 바르기

① ~ ⑤ 동작을 반복한다.

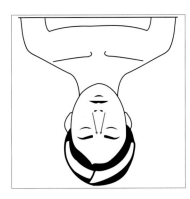

⑦ 코

좌우 콧방울을 콧등 방향으로 쓸어 올린다.

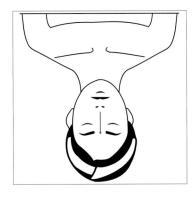

⑧ 콧등

미간에서 콧방울 방향으로 쓸어내리듯 도포한다.

[표 7-12] 화장수(토너) 응용 동작

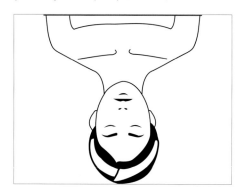

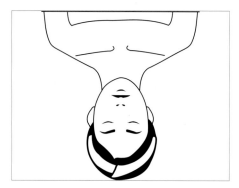

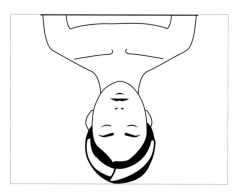

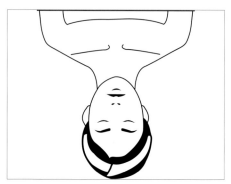

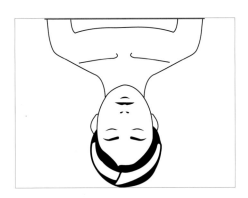

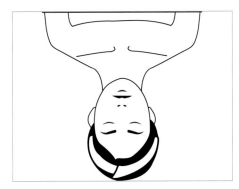

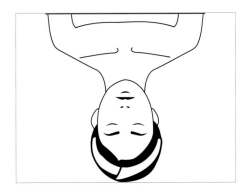

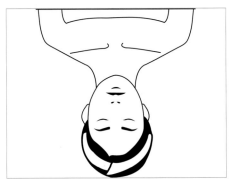

08

눈썹 정리

Basic Aesthetic Treatment

눈썹 정리(eyebrow trimming)

8.1 눈썹 정리의 목적

고객이 눈썹 수정을 원하거나 눈썹 모양이 고르지 않을 때 고객의 얼굴형과 현재 눈썹 상태, 눈의 위치 및 크기, 취향, 연령 등을 고려하여 수정한다.

알코올 솜, 오렌지 우드 스틱(orangewood stick), 눈썹 브러시, 눈썹 수정 가위, 눈썹 칼, 족집게(tweezer), 알로에젤, 아이패드, 스패튤라 등 필요한 도구 및 제품을 준비한다.

8.2 눈썹 수정 방법

눈썹 수정 가위, 족집게, 눈썹 브러시를 이용하여 눈썹을 정리하고 수정한다. 수정이 끝난 후 알로에젤(진정 젤 또는 진정 화장수)를 이용하여 닦아 주고, 진정 화장수에 적신 화장 솜으로 1분간 아이패드를 적용해 주면 진정 효과가 뛰어나다. 최근 생긴 상처나 피부질환, 타박상, 눈의 이상, 극도로 예민한 고객은 눈썹 수정을 삼간다.

8.2.1 일반적인 눈썹 수정 기준

① 오렌지 우드 스틱을 코의 가장 넓은 부분(콧방울)에서 눈 안쪽 코너 (a)에 놓이게 한다. 이때 눈썹을 이 라인 위로 확장해서는 안 된다.

② 고객에게 정면을 주시하게 하고 동공의 중심(b)에 오렌지 우드 스
  틱을 놓으면, 이때 눈썹 위에 놓인 점이 눈썹의 제일 높은 곳(눈썹
  산)이 된다.

③ 오렌지 우드 스틱을 외각을 가로질러 코의 대각선 방향 눈썹 위에
  놓는다(c). 점을 지나서 펼쳐 놓지 않도록 한다.

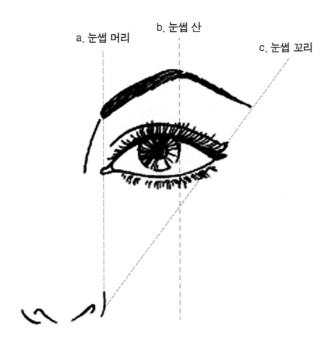

[그림 8-1] 일반적인 눈썹 수정 기준

8.2.2 눈썹 정리하기

① 클렌저로 아이 메이크업과 안면의 잔여물을 클렌징한 수 알코올 솜
  으로 정리할 부위의 눈썹을 깨끗이 닦는다.

② 오렌지 우드 스틱으로 눈썹 길이를 측정한다.

③ 더운 물에 적신 화장솜을 눈썹 부위에 올려놓는다. 물기가 있는 화
  장 솜은 모낭을 이완시켜 주고 눈 조직을 유연하게 하여 눈썹을 뽑
  는데 손쉽게 한다. 또한, 통증도 감소시켜 고객을 편안하게 해준다.

안면에 스티머를 적용하는 경우 모공이 열렸을 때에 즉시 트위저를 사용하여 관리를 시행한다.

④ 검지와 중지로 피부를 당겨 주고 트위저로 털이 자라나는 방향으로 뽑는다.

⑤ 뽑은 눈썹은 제거하는 손의 반대 손 약지에 소독된 화장 솜을 말아 끼워 그 위에 올려놓는다.

⑥ 소독제를 적신 솜으로 눈썹을 닦아 주면 트위저에서 떨어진 뽑힌 눈썹들을 치울 수 있다.

⑦ 눈썹 정리가 다 끝나면 진정 성분(예, 알로에 젤)을 적신 솜으로 눈썹에 얹어 진정시킨다.

09

딥 클렌징

Basic Aesthetic Treatment

CHAPTER

09

딥 클렌징(deep cleansing)

9.1 딥 클렌징의 목적

피부의 모공 속에 남아 있는 화장품의 잔재, 묵은 각질, 과다한 피지를 깨끗하게 클렌징하는 과정으로 사용하는 기기는 프리마돌(brush machine), 스킨 스크러버(skin scruber), 스티머(steamer) 등, 제품의 형태로는 고마지(gommage), 아하(AHA), 스크럽(scrub), 효소(enzyme) 등을 사용하는 물리적인 방법과 소금, 녹두가루, 맥반석, 굴 껍데기, 흑설탕 등을 사용하는 물리적인 방법이 있다. 딥 클렌징 과정은 클렌징 과정과는 달리 피부에 일시적인 홍반이 유발될 수 있으므로 피부의 유형과 상태에 따라 적합한 제품을 사용하는데 주의해야 한다.

9.2 딥 클렌징의 효과

일반적인 클렌징으로 제거되지 않고 남아 있는 각질세포를 제거해 주는 과정으로 피부의 세포 재생을 도와주고 박테리아의 성장을 억제하며 제품의 흡수를 돕는다. 일반적으로 단백질 분해효소(trichoroaceticacid, bacterial protease, phenols, retinoid) 및 효소(enzyme)가 함유된 화학적 필링제가 사용된다. 딥 클렌징 적용하기 전에 눈에는 아이크림, 입술에는 립크림을 바른 후 진행하는 것이 피부에 자극을 줄일 수 있는 방법이다. 적용 범위는 이마에서부터 목이 시작되기 전까지인 턱 부위까지이다.

피부 표면의 과도한 각질을 제거하여 피부 표면을 매끄럽게 해주며 각질화 과정을 자극하여 세포의 활성화를 도와준다. 각질층의 장벽

(barrier)을 완화시켜 제품(product)의 흡수를 도와준다. 관리의 효과를 증가시킨다.

9.2.1 딥 클렌징 시 주의사항

① 과도한 딥 클렌징은 오히려 피부 발란스(pH 4.5~5.5)를 잃어버릴 수 있으며 특히 모세혈관이 파괴(telangiectasia)된 부위, 개방된 상처, 농포나 염증이 있는 부위는 하지 않는다.

② 건강한 피부(1회/주)를 기준으로 피부의 유·수분 함량에 따라 적용 횟수를 조절한다.

③ 피부가 일시적으로 민감한 상태가 유발된 경우에는 자외선 차단제를 도포해 멜라닌 색소가 과하게 생성되는 것을 예방하도록 한다.

9.2.2 딥 클렌징 후 피부관리

① 온·냉 습포 사용 후 스킨로션, 에센스, 영양크림으로 기초 손질을 마무리한다.

② 자주하면 각질층이 얇아져 수분 보호막 기능 약화, 수분 증발이 심해져 피부가 당기는 현상이 나타난다.

③ 횟수 조절을 적합하게, 충분한 수분 공급이 필요하다.

④ 화장 솜에 수분 제품을 충분히 적셔 10분 정도 올려주거나 수증기를 쐬어 주는 것도 한 방법이다.

9.3 딥 클렌징의 종류

9.3.1 스크럽(scrub)

스크럽(scrub)은 '문지르다, 비비다, 제거하다' 등의 의미가 있으며, 미세한 알갱이를 가진 제품을 지칭하기도 한다. 건강하거나 조직이 두꺼운 피부에 사용하며, 피부 톤을 탁하고 활력이 없어 보이게 하는 죽은 조직과 불순물을 제거하는 과정이다. 일반적으로 흑설탕, 소금, 녹두가루, 밀기울, 아몬드씨, 살구씨, 조개껍데기 가루, 고령토, 규조토 등의 천연 재료가 사용되며 도포 후 약 3분 정도 경과하면 부드럽게 문지른 후에 제거한다.

주로 지성 피부에 주 2~3회 정도 사용하며 건성 피부는 더 적게 사용한다. 민감한 피부와 예민한 피부, 화농성 여드름, 모세혈관 확장증이 있는 피부는 삼가는 것이 좋다.

[표 9-1] 스크럽(scrub) 동작

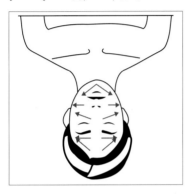

① 도포하기

적당량의 제품을 브러시 또는 스패튤라를 사용하여 얼굴 중앙에서 바깥쪽으로 부드럽게 도포한다.

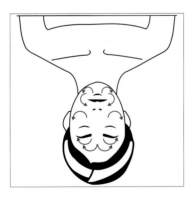

② 문지르기

유리 볼에 증류수를 덜어 손가락 끝에 묻힌 후 피부 표면에서 근육 결의 방향으로 부드럽게 원을 그리며 문지르기한다.

③ 마무리

해면과 온 습포로 제품을 닦아 낸 후 토너로 피부톤을 정리한다.

9.3.2 아하(AHA)

독성이 없는 과일산, 글리콜산, 젖산 등이 함유된 제품으로 AHA(alpha hydroxy acid)를 이용한 딥 클렌징이다. AHA의 함량에 따라 10% 미만은 피부관리 및 화장품에서 많이 사용하며 40~70%는 진피층까지 영향을 미치기 때문에 의학 분야에서 사용한다.

그 외에 AHA와 화학적 구조는 다르지만 비슷한 효과를 나타내는 BHA(beta hydroxy acid)도 피부관리 및 화장품에서 일반적으로 사용한다. AHA는 건성, 노화, 지성 피부에 적합하며 피부염이나 화상, 상처가 있는 부위, 민감성 피부는 피하는 것이 좋다.

(1) AHA(alpha hydroxy acid)

① AHA는 죽은 세포인 각질들 간의 접착력을 와해시켜 세포들 간의 결합 구조를 느슨하게 만들어 탈락시킨다.
② 세포 재생 속도를 증가시킨다.
③ 피부결과 피부 상태를 증진시킨다.
④ 피부의 자연 보습 유지 능력을 증가시킨다.
⑤ 주름과 잔주름을 완화시킨다.
⑥ AHA는 과일류, 발효 식품에서 발견하여 일명 과일산(fruit acid)이라 한다.

(2) BHA(beta hydroxy acid)

① B.H.A는 화학적 각질 제거 성분이다.
② 화장품에서 B.H.A 성분, 살리실산이 있다.
③ B.H.A는 지성 피부에 사용하면 좋다.
④ 여드름 피부와 각질화 부위에 효과적이다.
⑤ 여드름용 제품에 많이 사용한다.

[표 9-2] 아하(AHA) 동작

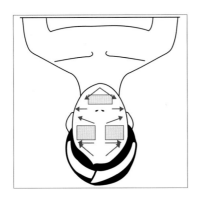

① 도포하기

도포하기 전에 눈에 아이패드를 한다.
브러시나 면봉을 사용하여 얼굴 중앙에서 바깥쪽으로 부드럽게 도포한다. 도포한 부위를 반복적으로 도포하지 않도록 주의한다.

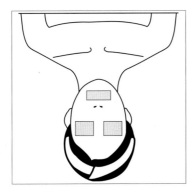

② 적용 시간

도포 후 3분 정도 적용 시간을 둔다.

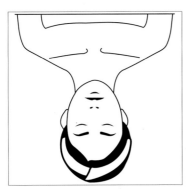

③ 마무리

해면과 냉 습포로 제품을 닦아 낸 후 토너로 피부 톤을 정리한다(산성 제품이므로 반드시 냉 습포로 마무리한다).

9.3.3 고마지(gommage)

고마지(gommage)는 프랑스어로 '문지르다'의 뜻이다. 각종 동 · 식물
성 효소의 작용, 각질 간 접착 물질을 분해한다. 피부에서 건조된 상태로
밀어내는 과정으로 노화된 각질을 제거한다. 피부의 결을 따라 밀어내는
동작으로 제거하기 때문에 물리적 작용에 의해 약간의 자극을 줄 수 있
다. 고무 형태의 딥 클렌징 제품으로 일반적으로 크림 형태로 사용되며,
예민한 피부, 민감한 피부, 화농성 여드름, 모세혈관 확장증이 있는 피부
는 사용하지 않는 것이 좋다. 파파인 성분이 함유된 물리적 필링제로 피
부에 얇게 도포한 후 7~8분이 경과한 후에 제거한다.

[표 9-3] 고마지(gommage) 동작

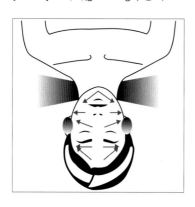

① 도포하기

도포하기 전에 헤어라인과 귀, 좌우 경부 사이를 티
슈로 커버한다.
브러시나 스패튤라를 사용하여 얼굴 중앙에서 바깥
쪽으로 도포한다.

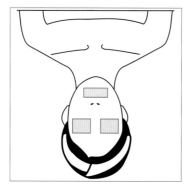

② 적용 시간

도포 후 아이패드를 하고 3~4분 정도의 적용 시간
을 두어 제품이 완전히 건조되도록 한다.

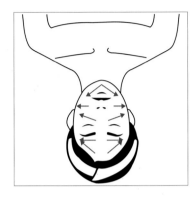

③ 닦아 내기

피부결 방향으로 제거한다. 제거하는 부위는 피부결
이 손상되지 않도록 고정시킨 후 제거한다. 얼굴 중
앙에서 바깥쪽으로, 위에서 아래 방향 기준으로 제
거하면 손쉽게 닦아 낼 수 있다.

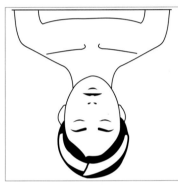

④ 마무리

유리 볼에 증류수를 덜어 손가락 끝에 묻힌 후 피부
표면을 부드럽게 원을 그리며 문지르기 하며 남아
있는 제품의 제거를 도와준다. 해면과 온 습포로 제
품을 닦아 낸 후 피부 톤을 정리한다.

9.3.4 효소(enzyme)

효소의 딥클렌징 제품에는 일반적으로 열대지방의 과일인 파파인, 파
인애플에서 추출되는 단백질 분해효소인 브로멜라닌, 지방분해 효소인
펩신 등의 성분이 함유되어 있으며, 피부에 자극적이지 않아 모든 피부
타입에 적용이 가능하며 민감하거나 예민한 피부에도 사용이 가능한 제
품의 형태이다.

효소 필링은 물리적인 압력을 이용하지 않고 각질층과의 생물학적 반
응을 통해 각질을 제거하며 사용 방법이 비교적 간편하다. 제품을 적용
하기 전에 젖은 거즈를 사용하여 얼굴을 커버하는 경우 제품의 침투를
높일 수 있다. 효소를 이용하여 각질을 제거하는 경우 따뜻한 온도와 수
분이 필요하며 베이퍼라이저나 온 습포를 함께 사용하며 효소 도포 후
스티머를 적용하면 효소를 활성화시킬 수 있다.

[표 9-4] 효소(enzyme) 동작

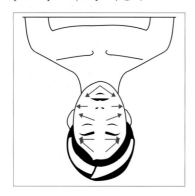

① 도포하기

적당량의 효소와 전용 솔루션을 사용하여 잘 녹인 후 브러시를 사용하여 얼굴 중앙에서 바깥쪽으로 도포한다.

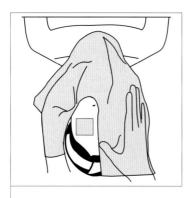

② 습포 적용하기

아이패드를 하고 효소의 활성화를 위해 온 습포로 얼굴 전체를 덮어 준다. 3~4분 적용 시간을 둔다.

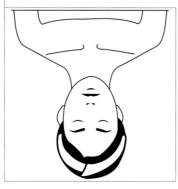

③ 온 습포, 아이패드, 거즈 제거하기

온 습포, 아이패드, 거즈를 순서대로 제거한다.

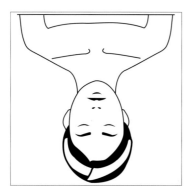

④ 마무리

해면과 온 습포로 닦아 내고 토너로 피부 톤을 정리한다.

10

메뉴얼테크닉

Basic Aesthetic Treatment

CHAPTER

10

메뉴얼테크닉(manual-technique)

메뉴얼테크닉은 손을 이용한 수기요법으로 물리적인 자극을 통하여 근육을 자극함으로써 혈액순환과 신체 조직의 기능 회복을 도와주는 관리 방법이다. 안면 메뉴얼테크닉의 관리 범위는 얼굴, 목, 데콜테까지이며 고객의 성별·연령별, 피부의 상태, 피부의 유형에 따라 동작의 속도, 세기, 관리 시간 등이 달라진다.

10.1 메뉴얼테크닉의 효과

① 혈액순환, 신진대사 원활, 노화 방지를 도와준다.
② 근육 운동, 근육 유연성, 림프 순환응 원활하게 한다.
③ 영양과 산소 공급, 세포 생성, 노폐물 배설을 촉진시킨다.
④ 신경점 자극, 피로 회복을 도와준다.
⑤ 분비 기능 원활하게 하고 탄력과 윤기를 준다.
⑥ 피부 온도를 상승시켜 제품 흡수를 도와주고 모세혈관을 강화시킨다.
⑦ 자율신경계 조절 기능과 자연 치유력을 향상시킨다.
⑧ 심리적 안정감을 준다.

10.2 메뉴얼테크닉의 종류

① 일반 메뉴얼테크닉(swedish)
② 한국형 메뉴얼테크닉(meridian)
③ 안티 스트레스 테크닉(anti stress)

④ 맨손 메뉴얼테크닉(오일을 사용하지 않음)

⑤ 림프 메뉴얼테크닉(lymph drainage)

⑥ 안면 근육 메뉴얼테크닉(face muscle)

⑦ 에너지 포인트 메뉴얼테크닉(energy point)

⑧ 자켓 테크닉(Dr. Jacquet)

10.3 메뉴얼테크닉의 기본 동작

기본 동작으로는 쓰다듬기, 진동하기, 두드리기, 주무르기, 마찰하기가 있다.

10.3.1 쓰다듬기(effleurage, stroking, 경찰법, 무찰법)

메뉴얼테크닉의 시작과 끝 동작이나 동작과 동작을 연결할 때 사용하는 기본 방법으로 손바닥 전체 또는 손가락으로 느린 속도로 가볍게 미끄러지듯 이동하는 동작이다. 경찰법 또는 무찰법이라고도 한다. 피부를 진정시키고 긴장을 완화시키는 효과가 있으며 모세혈관이 확장된 부위의 적용이 가능하다.

10.3.2 진동하기(vibration, shaking, 떨어주기, 흔들기)

관리 부위의 피부를 좌우로 흔들며 피부 표면에서 조직 내로 진동에 의한 자극을 주는 방법으로 떨어주기라고도 한다. 신경조직을 진정시키고 피부의 탄력을 증가시켜 주며 근육과 피부의 긴장을 완화하는 효과가 있다.

10.3.3 두드리기(tapotement, pecurssion, 고타법, 타진법, 경타법)

두드리기 또는 고타법은 피부 표면에 일시적인 충격을 주어 자극하는 동작으로 두드리는 강도와 적용 시간에 따라 피부에 강하게 혹은 약하게 영향을 줄 수 있다. 손가락으로 두드리는 태핑(tapping), 손바닥의 측면으로 두드리는 슬래핑(slapping), 손등으로 두드리는 해킹(haking), 손을 가볍게 주먹을 쥐고 두드리는 비팅(beating), 손가락을 모아 진공 상태로 두드리는 컵핑(cuping)의 동작이 있다.

10.3.4 주무르기(petrissage, kneading, 유연법, 유찰법, 유날법)

두 손을 피부 표면에 위치하고 관리 부위를 잡아 중심 부위를 향해 오른손과 왼손을 교대로 반죽하듯 올리는 동작으로 유연법 또는 유날법이라고도 한다. 메뉴얼테크닉 중 가장 강한 동작으로 노폐물 제거에 효과적이다.

10.3.5 마찰하기(friction)

관리 부위 중심을 기준으로 오른손과 왼손 또는 엄지손가락과 나머지 손가락으로 회전하듯 움직이는 동작을 말한다.

이 외 메뉴얼테크닉 동작에는 원 그리기(rounding), 압박하기(pressure), 깊게 누르기(deep strocking), 돌리기(circling), 문지르기(rubbing), 잡아당기기(pulling) 등이 있다.

10.4 메뉴얼테크닉의 기본 조건

관리사는 메뉴얼테크닉의 준비 단계에서 양손을 깍지를 끼고 상하좌우로 충분히 손목 관절을 풀어 주어 무리가 가는 것을 예방한다.

10.4.1 압력

메뉴얼테크닉은 부드럽게 시작하고 단계별로 압력의 변화를 주어 약→중→강 또는 강→중→약의 변화를 주며 마무리 단계에서 다시 부드러운 압력으로 마무리한다.

10.4.2 속도

시작 단계에서는 느린 속도로 하며 중간 단계에서는 강하게, 다시 마지막 단계에서는 느린 속도로 진행한다.

10.4.3 리듬

시작 단계에서는 부드럽고 느리게 시작하여 중간 단계에서는 강→약→약→중간→약→약의 변화를 주고 마무리 단계에서 부드럽고 느린 리듬으로 마무리한다.

10.4.4 방향

메뉴얼테크닉의 전반적인 방향은 정맥과 림프의 순환을 기준으로 하며, 안에서 밖으로, 아래에서 위로, 신체 중심에서 신체 바깥으로, 심장의 먼 곳에서 심장의 가까운 쪽으로 향하게 한다.

10.5 메뉴얼테크닉 적용 시 주의사항

① 임산부에게는 림프 순환 정도의 가벼운 마사지를 한다(출산 후 1~2 개월).
② 생리 전후에는 피한다.
③ 알레르기가 심한 피부, 트러블이 심한 경우에도 자극이 강한 동작은 피한다.
④ 고름이 함유되어 있는 농포성 여드름이나 염증성 질환이 있는 경우에는 삼간다.
⑤ 심혈관계 질환이나 순환계 이상이 있는 경우에는 삼간다.
⑥ 골절이나 심한 타박상이 있는 경우 완치되었을지라도 전문의의 검진 후 관리한다.
⑦ 간질 같은 발작성 질환이 있는 경우에도 삼간다.

[표 10-1] 메뉴얼테크닉의 동작

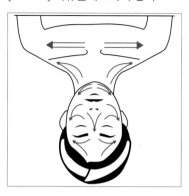

① 제품 도포하기

적당량의 제품을 데콜테 → 목 → 턱 → 볼 → 코 →
이마 순서로 도포하고 골고루 펴 바른다.

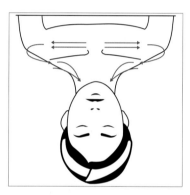

② 데콜테 쓰다듬기

흉골두 → 액와(겨드랑이) → 어깨 → 상부 승모근
→ 천주 → 흉쇄유돌근의 순서로 쓰다듬기를 한다.

③ 데콜테(쇄골 아래 3cm) 쓰다듬기

흉골두를 기준으로 양손을 사용해 좌우 교대로 쇄골
아래 3cm 범위까지 가로 방향으로 쓰다듬기 한다.

④ 데콜테(쇄골 아래 3cm) 작은 원 그리기

쇄골부터 쇄골 아래 3cm 범위를 가로로 3등분하고,
흉골두를 기준으로 좌우 동시에 용수철 모양으로 원
을 그리며 마찰한다.

⑤ 데콜테(쇄골 아래 3cm) 큰 원 그리기

흉골두를 기준으로 쇄골부터 쇄골 아래 3cm 범위를 좌우 동시에 큰 원을 그리며 마찰한다.

⑥ 데콜테 깊게 쓰다듬기

양손을 가로로 포개어 우측 어깨에서 좌측 어깨 쪽으로 깊게 쓰다듬기 한다. 동일한 방법으로 좌측에서 우측을 반복한다.

⑦ 대흉근 반죽하기

양손을 교대로 오른쪽 대흉근 부위를 주물러 주듯이 반죽하기 한다. 왼쪽도 동일한 방법으로 반복한다.

⑧ 데콜테 쓰다듬기

③의 동작을 반복한다.

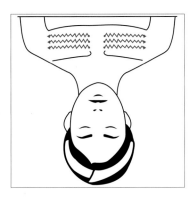

⑨ 데콜테 진동하기

양손 바닥을 가슴 윗부분에 올려 놓고 흉골두에서 액와 쪽으로 바이브래이션 한다.

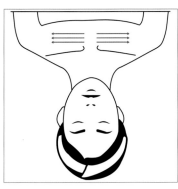

⑩ 데콜테 쓰다듬기

③의 동작을 반복한다.

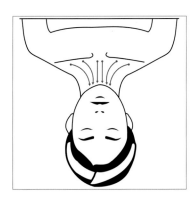

⑪ 목 쓰다듬기

목의 중앙에서 좌·우측 끝까지, 쇄골에서 하악골 아래의 범위까지 아래에서 위쪽으로 부드럽게 쓰다듬기 한다. 양손을 교대로 사용한다.

⑫ 목 마찰하기

양손을 가볍게 주먹을 쥐고 상부 승모근 부위를 위에서 아래로, 아래서 위로 교대로 마찰하기 한다.

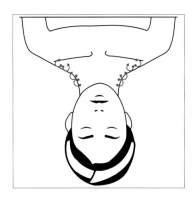

⑬ 상부 승모근 주무르기

양손의 호구 부위를 사용하여 상부 승모근을 주물러 준다.

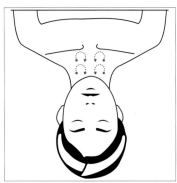

⑭ 후경부 깊게 마찰하기

양손의 네 손가락을 모아 후경부의 근육을 마찰한다.

⑮ 흉쇄 유돌근 쓰다듬기

흉쇄 유돌근 → 쇄골 → 어깨 → 상부 승모근 → 천주 순서로 부드럽게 쓰다듬기 한다.

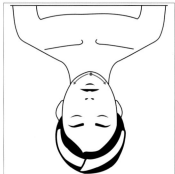

⑯ 턱 쓰다듬기

턱 중앙에서 좌우 측면 끝까지 좌우 동시에 쓰다듬기 한다.

⑰ 턱(이근) 마찰하기

턱 중앙 부위를 양손을 사용하여 반원을 그리듯 마찰하기 한다.

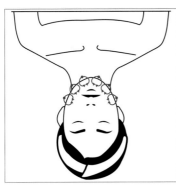

⑱ 턱 하트 모양으로 마찰하기

턱의 중앙에서부터 좌·우측 끝까지 양손을 사용하여 하트 모양으로 마찰하기 한다.

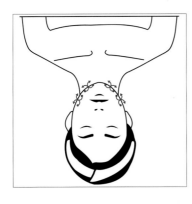

⑲ 턱 집어주기

턱의 중앙에서부터 좌·우측 끝까지 양손을 사용하여 Dr. jacquet 동작으로 집어주기 한다.

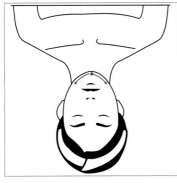

⑳ 턱 쓰다듬기

⑯번 동작을 반복한다.

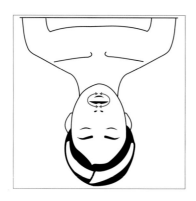

㉑ 구륜근 마찰하기

입 주변의 구륜근 부위를 양손을 사용하여 반원을 그리듯 마찰하기 한다.

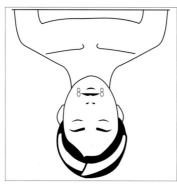

㉒ 입꼬리 8자 그리기

세 번째 손가락을 사용하여 입꼬리 부위에 8자를 그려 준다.

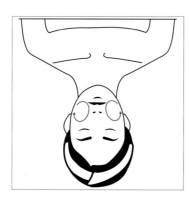

㉓ 볼 쓰다듬기

양손의 네 손가락을 모아서 좌우 동시에 볼 전체를 원을 그리며 쓰다듬기 한다.

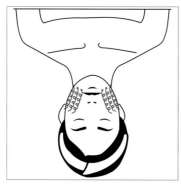

㉔ 볼 3등분 쓰다듬기

대·소 관골근, 협근 부위를 3등분으로 나누어 용수철 모양으로 작은 원을 그리며 쓰다듬기 한다.

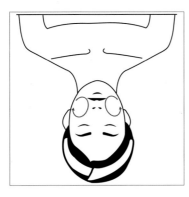

㉕ 볼 쓰다듬기

㉓번 동작을 반복한다.

㉖ 콧망울 동글리기

세 번째 손가락을 45° 각도로 뉘여서 콧방울에서 콧
등 방향으로 좌우 동시에 작은 원을 그리듯이 동글
리기 한다.

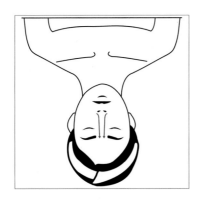

㉗ 코 시저(scissors, 비근, 비근근) 쓰다듬기

양손의 2, 3번째 손가락을 가위 모양으로 하고 코를
사이에 두어 교대로 콧방울에서 미간 쪽을 향하여
쓰다듬기 한다.

㉘ 콧등(비근) 쓰다듬기

콧방울에서 미간 쪽을 향하여 양손을 교대로 쓰다듬
기 한다.

㉙ 눈(안륜근) 쓰다듬기

눈꼬리에서 눈망울 쪽으로 양손 동시에 원을 그리며 부드럽게 쓰다듬기 한다.

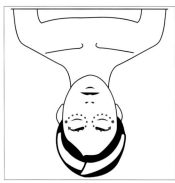

㉚ 눈(안륜근) 두드리기

양손을 동시에 사용하여 눈꼬리에서 눈망울 방향으로 안륜근 전체를 가볍게 두드리기 한다.

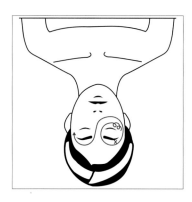

㉛ 눈 작은 원 그리기

네 번째 손가락을 사용하여 눈꼬리 부분에 작은 원을 그리고 안륜근 전체를 부드럽게 원을 그린다.
∿자의 형태로 미간 사이를 지나 반대쪽으로 이동하여 동일한 동작을 반복한다.

㉜ 눈(안륜근) 쓰다듬기

㉙번 동작을 반복한다.

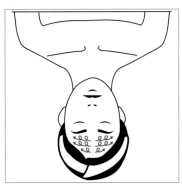

㉝ 이마 쓰다듬기

양손을 동시에 사용하여 이마 중앙에서 관자놀이 방향으로 왕복하며 원을 그리듯 쓰다듬기 한다.

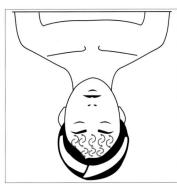

㉞ 이마 마찰하기

양손을 교대로 교차하면서 이마 중앙에서 관자놀이 방향으로 'C'자 모양으로 마찰하기 한다.

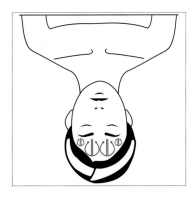

㉟ 이마 D자 모양으로 쓰다듬기

양손을 세로로 나란히 접하게 한 후 눈썹부터 헤어라인까지 반달 모양으로 쓰다듬기 한다.

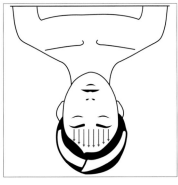

㊱ 이마 쓰다듬기

양손을 가로로 하여 교대로 이마 중앙에서 관자놀이까지 쓰다듬기 한다.

㊲ 관자놀이 8자 그리기

관자놀이 부위를 2, 3, 4 손가락을 사용하여 8자를
그리며 깊게 쓰다듬기 한다.

㊳ 볼 쓰다듬기

㉓번 동작을 반복한다.

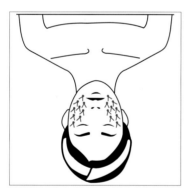

㊴ 볼 두드리기

오른쪽 볼 전체를 3등분 한 후 각각 3등분 한 부위
를 양손의 3, 4 손가락을 사용하여 교대로 3번, 4번,
5번, 6번 두드리기 한다. 반대쪽도 동일한 방법으로
반복한다

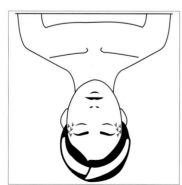

㊵ 관자놀이 두드리기

양손의 2, 3, 4, 5 손가락을 교대로 사용하여 오른쪽
관자놀이 부위를 두드리기 한다. 반대쪽도 동일한
방법으로 반복한다.

㊶ 이마 쓰다듬기

양손을 가로로 하여 이마 중앙에서 관자놀이 부분까지 쓰다듬기 한다.

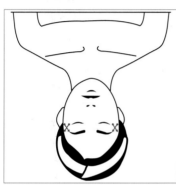

㊷ 관자놀이 쓰다듬기

양손의 3, 4 손가락을 사용하여 교대로 오른쪽 관자놀이를 'X'자 모양으로 쓰다듬기 한다. 반대쪽도 동일한 방법으로 반복한다.

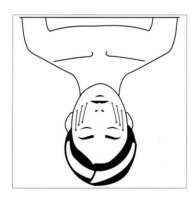

㊸ 볼 쓰다듬기

양손을 교대로 오른쪽 볼을 길게 쓰다듬기 한다. 반대쪽도 동일한 방법으로 반복한다.

㊹ 턱 쓰다듬기

오른쪽 턱을 'L'자 모양으로 쓰다듬기 한다. 반대쪽도 동일한 방법으로 반복한다.

㊺ 목 쓰다듬기

양손을 교대로 목의 중앙에서 바깥쪽으로 왕복하며 쓰다듬기 한다.

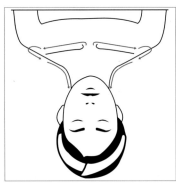

㊻ 전체 쓰다듬기

흉골두에서 쇄골 → 어깨 → 상부 승모근 → 척주 순으로 쓰다듬기 한 후, 얼굴 중앙에서 바깥쪽으로 턱 → 볼 → 이마 순으로 가볍게 쓰다듬기 한다.

㊼ 얼굴 감싸주기

양손을 마름모 모양으로 하여 얼굴 전체를 부드럽게 감싼 후 귀 앞쪽에서 마무리한다.

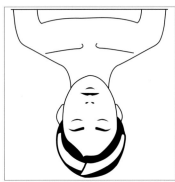

㊽ 마무리

티슈와 온 습포로 닦아준 후 토너로 피부 톤을 정리한다.

[표 10-2] 메뉴얼테크닉의 응용 동작

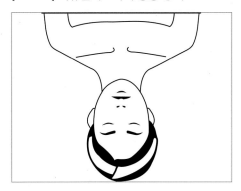

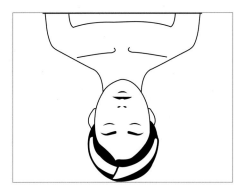

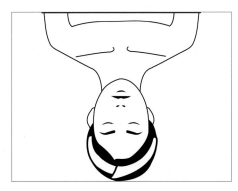

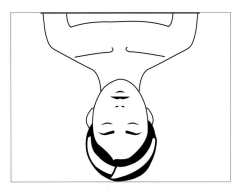

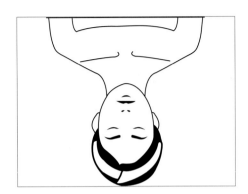

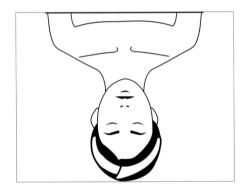

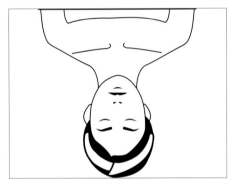

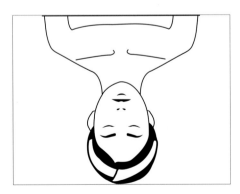

11

팩(pack)

Basic Aesthetic Treatment

11

팩(pack)

팩이란 'package(싸다, 둘러막다)'란 용어에서 유래된 단어로 팩 (pack) 도포 후 공기 유입을 막지 않아 굳어지지 않는다. 피부에 영양을 공급해 주는 마무리 과정이라 할 수 있으며, 일반적으로 팩의 효과를 높이기 위해 팩을 도포하기 전에 아이 크림과 영양 크림을 바른다.

11.1 팩의 목적

피부 표면의 온도를 상승시키고, 발한작용을 통하여 노폐물 배출을 도와준다. 또한, 수분 및 유효 성분을 공급하여 건강하고 아름다운 피부 상태를 유지하거나 청결을 도와 피부가 정리 · 정돈될 수 있도록 하는 것이 목적이다.

11.2 팩의 효과

팩의 재료나 성분에 따라 보습, 진정, 수렴, 세정 등의 효과를 볼 수 있다. 일반적으로 클렌징, 딥 클렌징, 메뉴얼테크닉 후에 진행되는 과정이다.

팩의 종류와 사용 방법에 따라 파라핀(paraffin pack), 콜라겐 벨벳 (collagen velvet), 젤라틴 팩(gelatin pack) 등의 기능성 팩과 벌꿀, 행인, 도인, 올리브 오일, 글리세린, 율피, 맥반석, 해초, 각종 비타민류, 오이, 감자, 난황 등의 천연 팩이 있다.

기능성 팩은 흡수가 잘되고 장기간 보존이 용이하며, 사용이 간편하고 임상적으로 안정적인 장점이 있다. 천연 팩은 재료를 쉽게 구할 수 있으며 경제적이다.

① 혈액순환을 촉진시키고 영양분과 산소 공급을 도와준다.
② 피지선과 한선의 활동을 증가시켜 노폐물의 원활한 배출을 도와준다.
③ 피부 표면 습윤작용, 죽은 각질을 제거한다.
④ 유효 성분 침투를 도와준다.
⑤ 피부 진정 및 수렴작용이 있다.

11.3 팩의 분류

11.3.1 제거 방법에 따른 분류

(1) 필 오프 타입(peel off type : 피막 형성 타입)

주로 고무 성분으로 도포 후 제거가 용이하며 사용이 간편하다. 불순물과 노폐물을 함께 제거하여 딥 클렌징 효과와 청정 효과를 동시에 줄 수 있다.

① 팩 도포 후 15~20분 적용 시간을 둔다.
② 건조 후 턱에서 이마 위쪽을 향해 떼어 낸다.
③ 각종 노폐물, 노화 각질, 잔털 제거 효과를 볼 수 있다.
④ 피부에 긴장감과 탄력을 주고 청결한 피부 상태 유지를 도와준다.
⑤ 주요 성분으로는 폴리비닐알코올, 에탄올, 글리세린 등을 들 수 있다.
⑥ 지성 피부, 남성 피부에 주로 사용한다.
⑦ Film 타입, 고무 마스크, 왁스 형태 팩이 있다.

(2) 워시 오프 타입(wash off type : 씻어 내는 타입)

① 가장 일반적으로 많이 사용하는 제품의 형태로 도포 후 물로 씻어 내는 팩이다.

② 얼굴 도포 후 15~20분 적용 시간을 둔다.

③ 젖은 해면 또는 화장 솜을 사용하여 제거한다.

④ 피부 자극이 적어 대중적으로 용이하게 사용하는 형태이다.

⑤ 청결과 상쾌함이 특징이다.

⑥ 모든 피부에 사용이 가능하며 계절로는 여름에 사용하면 효과적이다.

⑦ 진흙, 크림 타입, 젤 타입, 천연 팩 등이 있다.

(3) 티슈 오프 타입(tissue off type : 티슈 제거 타입)

도포 후 티슈로 흡수시켜 제거하거나 닦아 내는 형태의 제품으로, 영양 공급 효과가 뛰어나기 때문에 건조한 피부나 노화 피부에 사용하면 좋다. 크림이나 젤 타입이 많다.

① 얼굴 도포 후 15~20분 적용한다.

② 티슈, 해면으로 닦아 낸다.

③ 팩과 크림 겸용으로 사용이 가능하다.

④ 피부를 부드럽고 촉촉하게 한다.

⑤ 여행 시 간편하게 사용할 수 있다.

(4) 패치 타입(patch type : 종이 타입)

① Sheet(종이) 형태의 제품이다.

② 얼굴 전체, 콧등에 부착하여 코 주위 피지, 더러움을 제거한다.

③ 콜라겐 성분, 보습 효과 팩으로 얇은 종이로 되어 있고, 냉동 동결 건조 방법이다.

④ 코 팩, 콜라겐 벨벳 마스크가 있다.

(5) 파우더 타입(powder type : 분말 타입)

① 분말과 전용 솔루션 용액(또는 증류수)을 혼합 사용한다.

② 천연 팩(밀가루), 석고, 고무 팩, 효소 분말 등이 있다.

③ 피부 타입과 상태에 따라 관리 횟수를 다르게 적용한다.

11.4 팩의 종류에 따른 기능

11.4.1 점토 타입(clay type)

① 주된 성분인 점토, 머드가 함유되어 있어 피지 흡착 및 각질 제거 효과가 있다.
② 청정, 정화작용이 있다.
③ 지성 피부, 여드름 피부에 효과적이다.

11.4.2 분말 타입(powder type)

① 분말(고운 가루) 형태의 제품이다.
② 분말 타입의 약초 팩(해초, 감초, 백봉령, 모려, 구기자, 녹두, 당귀, 도인, 미나리, 백강잠, 상엽, 의이인, 천궁, 토사자, 하수오, 행인 등)이 있다.
③ 정제된 물이나 전용 솔루션과 혼합하여 사용한다.
④ 모든 피부 적용이 가능하다.
⑤ 제거 방법은 물로 세안하는 방법(wash off)이나 떼어내는 방법(peel off)이 있다.

11.4.3 크림 타입(cream type)

① 제품화와 사용이 간편하고 편리하다.
② 피부 타입별로 사용할 수 있다.
③ 영양, 보습, 유연 효과가 있다.
④ 진정, 정화작용이 있다.
⑤ 모든 피부 타입 적용이 가능하다.
⑥ 제거 방법은 티슈로 흡수시켜 제거(tissue off)하거나 물로 씻어내는 방법(wash off)이 있다.

11.4.4 왁스 타입(wax type)

① 고형 또는 파라핀(paraffin)의 형태로 40℃ 온도에 녹여서 사용한다.
② 얼굴, 손, 발, 전신 사용이 가능하다.
③ 공기로부터 피부를 완전히 차단한다.
④ 주로 밀봉 요법을 사용하기 때문에 제품의 침투 효과가 높다.
⑤ 노폐물 배출 및 분비 기능을 촉진시킨다.
⑥ 보습작용 효과가 있다.
⑦ 피부 강화 물질 흡수를 촉진시킨다.
⑧ 떼어 내는 방법(peel off)으로 제거할 수 있다.

11.4.5 천연 팩

① 과일, 채소 등 천연 재료를 사용한다.
② 청정, 보습 효과가 있다.
③ 밀가루와 꿀을 혼합하여 적정 농도로 사용한다.

11.5 팩의 도포

안면의 온도가 낮은 부위부터 도포하면 건조 속도가 같아지기 때문에 볼 → 인중 → 턱 → 콧등 → 이마 순서로 도포하는 것을 권한다. 특별히 온도에 영향을 받지 않는 팩의 형태라면 안면의 아래서 위쪽 방향으로, 중앙에서 바깥쪽으로 기준을 잡고 도포하는 것도 무방하다. 팩의 종류와 성분에 따라 피부 청정, 유연, 염증 완화 등의 효과가 있으므로 피부 유형과 상태를 고려하여 적합한 팩을 부위별로 도포하는 것도 관리 효과를 높일 수 있는 방법이다.

붓을 사용하여 눈과 입 주위를 제외하고 일정한 두께로 도포하고 약 15분 방치 후 젖은 해면으로 제거하고 토너로 피부결을 정리한다.

11.5.1 팩 도포 시 주의사항

① 피부의 유형과 상태, 계절을 고려하여 팩의 종류를 선택한다.

② 고객에게 팩의 성분과 효능, 효과, 느낌 등을 긍정적 설명한다.

③ 눈, 입 주위(민감한 부위)는 화장 솜으로 보호한다(폐소공포증 여부 확인).

④ 목 - 볼 - 턱 - 코 - 이마 순서로 도포(또는 얼굴의 안쪽에서 바깥으로, 아래에서 위로, 온도가 낮은 부위에서 높은 부위)한다(두께 2mm가 적당하다).

⑤ 15~20분 정도 적용한다.

⑥ 천연 팩은 사용 직전 만든다.

⑦ 한방 팩을 사용하는 경우 여러 종류의 팩을 혼합하지 않는다(약 3~4 종류).

⑧ 적외선, 스팀, 랩, 호일을 사용하면 팩 효과를 상승(synergy)시킬 수 있다.

⑨ 주 1~2회 사용이 적당하다.

11.5.2 팩을 피해야 하는 경우

① 화상, 종양, 염증, 발열이 있는 경우는 피한다.

② 피부 질환이 있을 때는 삼가야 한다.

③ 면도 직후 피부가 민감한 상태기 때문에 팩을 하지 않는 것이 좋다.

④ 가려움 등의 이질감이 있을 때 정확한 원인을 알 때 까지는 팩을 하지 않는다.

⑤ 상처가 있는 피부는 국부적인 감염이 발생할 수 있으니 팩을 하지 않도록 한다.

⑥ 민감성 피부는 패치 테스트 후 주의하여 사용한다.

11.5.3 피부 유형에 따른 팩의 성분과 특징

(1) 지성 피부(모공 수축과 피지 제거)

① 클레이 팩, 파우더 타입 팩, 천연 팩, 필름 타입 팩을 사용한다.

② 머드팩 : 세정, 진정작용, 피지 흡착력이 우수하다.

③ 토마토 팩 : 유기산, 비타민 A, C 함유하고 있어 블랙헤드 제거와 지성 피부에 효과적이다.

④ 녹차 팩 : 비타민 B, C, 엽록소 성분이 들어 있어 혈액을 맑게 하고, 탄닌산이 있어 피부에 수렴작용을 한다. 또한, 항균 및 살균작용이 있어 여드름 피부에 좋다.

⑤ 율피 팩 : 율피의 탄닌산이 모공 수축작용을 도와준다.

(2) 건성 피부

크림 타입 팩, 콜라겐 팩, 해초 팩, 요구르트 팩, 알긴산 팩, 천연 팩을 사용하면 좋다.

(3) 노화 피부

파우더 타입 팩, 크림 타입 팩, 콜라겐 팩, 천연 팩 등을 사용한다.

(4) 여드름 피부

클레이 팩, 천연 팩 등을 사용한다.

(5) 민감 피부

크림 타입 팩, 쿨 타입 팩, 콜라겐 팩, 진정작용이 있는 감초 추출물, 감자 팩, 해초 팩, 알로에 팩, 오이 팩, 수박 팩 등의 천연 팩을 사용한다.

[표 11-1] 성분에 따른 특징

성분명	특징	비고
글리시리진산 (Glycyrrhiza Glabra(Licorice) Root Extract)	- 광과감초(Glycyrrhiza glabra), 창과감초(Glycyrrhiza inflata)의 뿌리 에서 추출 - 강한 소염, 항염증 효과 - 산화방지제, 피부보습제, 피부 컨디셔닝제로 사용	
닥나무 추출물 (Broussonetia Extract)	- 닥나무 (Broussonetia kazinok)i 및 동속식물(뽕나무과 Moraceae) 의 줄기 또는 뿌리를 에탄올 및 에칠 아세테이트로 추출하여 얻은 가루 또는 그 가루의 2w/v% 부틸렌글라이콜 용액 - 미백, 보습 효과가 뛰어나며 아토피성 피부염 예방, 치료에 효과적 - 아토피로 인한 부종, 출혈, 피부 각질화를 억제하는 효과	
라벤더 (Lavandula Angustifolia (Lavender) Extract)	- 피부 세정, 상처 치료 시 효과적 - 자외선에 그을린 피부, 손상된 피부 개선 - 강한 살균작용, 근육이완, 류머티즘 통증 완화 - 포마드 원료, 피부 컨디셔닝제의 주성분으로 사용	
레틴 A (Retin A)	- 레티놀(Retinol), 레티노이드 - 비타민 A 유초체 - 산화방지제 - 각화 주기를 단축하여 노화 세포가 빨리 떨어져 나가게 하므로 과 각화로 인한 여드름 피부에도 효과적	
레시틴 (Lecithin)	- 콩, 달걀 노른자에서 추출 - 계면활성제(천연 유화제), 산화방지제, 피부 컨디셔닝	
로열젤리 추출물 (Lactobacillus/ Royal Jelly Ferment Filtrate CAS No.)	- 로열젤리를 발효하여 추출 - 피부의 면역 강화, 세포 호흡 증진 - 비타민 B 복합체와 아미노산으로 구성 - 피부 보습제로 사용	

벤토나이트 (Bentonite)	- 수화된 콜로이드성 알루미늄 실리케이트 점토(천연 광물) - 화산 폭발 시 생기는 미세한 화산재가 강력한 폭발의 힘으로 상층 기류에 섞여 바다로 떨어진 것들이 해전에서 염수와 작용하여 토질 광물로 변성된 일종의 번질암으로 몬모릴로나이트를 주성분으로 하는 점토 광물 - 칼슘, 철, 마그네슘, 포타슘, 망간, 게르마늄, 셀레늄, 규소 등 작은 미량 원소까지 66종 이상의 천연 미네랄 성분이 다량 포함 - 피부 깊숙이 침투 노폐물, 피지, 중금속, 모낭충, 유해균, 각질 등을 흡착 배출 - 피부 청결 · 탄력 · 재생작용 및 영양 공급 - 독소, 불순물, 중금속, 다른 내부 오염물 흡수 능력 우수 - 흡수제, 벌킹제, 유화안정제, 불투명화제, 현탁화제(비계면활성제), 점증제(수용성)
비사볼롤 (bisabolol)	- 카밀러 Matricaria chamomilla L.(국화과)의 정유, 프랑스산 라벤더 유에 함유 - 네롤리돌을 포름산으로 처리한 후 가수분해 또는 합성하여 추출 - 가려움증 완화, 항염 및 상처 치유에 효과 - 민감한 피부를 빠르게 진정 - 마코마일의 주성분
비타민 A (Retinoids)	- 형태 : 레티놀(retinol), 레틴알데히드(retinaldehyde), 레티노인산 (retinoic acid) - 상피세포(폐, 피부, 소화기관) 합성, 구조 유지 및 정상적 기능에 관여
비타민 B_6	- 피리독신(pyridoxine, PN), 피리독살(pyridoxal, PL), 피리독사민 (pyridoaxamine, PM) 또는 각각의 인산화 형태(PLP, PNP, PMP)로 존재 - 피리독신(pyridoxine, PN), 피리독살(pyridoxal, PL), 피리독사민 (pyridoaxamine, PM) 또는 각각의 인산화 형태(PLP, PNP, PMP)로 존재 - 엽산 함유 유해산소로부터 세포 보호 - 신경전달물질(세로토닌, 도파민) 합성에 관여 - 위장장애 완화 - 안드로겐의 피지 분비 조절 역할, 여드름 또는 트러블 개선

비타민 B₅ (pantothenic acid)	- 피부와 머리카락을 구성하는 콜라겐을 만드는 데 필수적인 요소 - 깨끗한 피부, 건강한 머릿결 관리에 효과적임 - 침투성이 좋고 자극이 없어 민감성 피부에 사용이 용이함 - 부신피질호르몬의 합성을 도와 스트레스 완화 - 염증 및 가려움을 방지 및 재생작용을 도와줌 - 일광화상에 진정작용 - 세포 성장 촉진, 보습 기능, 보습 유지 기능, 피부 점막에 윤기를 주며 상처 치유에 효과 - B₁(티아민), B₂(리보플래빈), B₃(나이아신, 니코틴아마이드), B₅(판토텐산판테놀판테친), B₆(피리독신인산, 피리독살피리독살, 피리독사민), B₇(바이오틴), B₉(엽산, 폴린산), B₁₂(사이아노코발라민, 하이드록소코발라민, 메틸코발라민)
비타민 E (Tocopherol)	- 토코페롤 - 흡수율이 높고 건조한 피부를 윤기 있게 가꾸어 주며 염증에 의한 표피세포 손상 예방 - 세포막 구성 성분인 인지질이 활성산소로 인해 산화되어 피부세포가 노화되는 것을 막는 지용성 항산화제 - 말초혈관을 확장하여 혈액순환과 조직의 대사 촉진 - 산화방지제, 향료, 피부 컨디셔닝제, 수분 증발 차단제
비타민 P (Rutin)	- 루틴 - 메밀·회화나무의 신선한 꽃봉오리 등에 함유된 배당체. 담황색의 결정으로 맛이 없음. 모세 혈관의 투과성을 억제하여 약해지는 것을 막아 줌. - 모세혈관 강화하여 홍조피부 예방
상백피 추출물 (Morus Alba Bark Extract)	- 뽕나무(Morus alba)의 뿌리껍질에서 추출 - 혈압강하작용, 이뇨작용, 소염작용, 항균작용 및 진해, 진통, 해열작용 - 티로시나아제 억제작용(피부 미백제 효과) - 흑색종 세포 선택적 사멸 - 코직산에 비해 4.5배 더 강한 효과 - 항산화제 효과

살리신산
(Salicylic acid)
이수산화 벤조
산
	- 버드나무 껍질, 꼬리조팝나무속의 메도스위트(Spiraea ulmaria)가
	  주원료(공급량의 한계로 현재는 페놀에서 합성)
	- 살리실산은 다른 비스테로이드성 항염증제들과는 달리 COX 효소
	  의 활성을 억제하는 것이 아니라, 어떤 알려지지 않은 경로를 통해
	  COX 효소의 생성을 차단하여 항염작용을 함
	- 블랙헤드, 여드름, 백반증, 비듬, 각질, 사마귀(피부병), 티눈 등의
	  치료에 쓰이는 많은 피부관리 제품의 주성분
	- 각질연화제, 클렌징폼, 로션, 스킨, 피부, 각종 여드름 전용 화장품	

세라마이드	- 수분 증발 억제 - 지질 장벽의 역할과 각질층의 정연한 구조 유지 기능 - 피부 표면에서 파이토스핑고신으로 분해됨으로써 외부 유해 미생 물에 대한 항균 장벽의 기능 - 염증 조절과 상처 회복	

썰퍼	- 비오설파, 프리드
	- 각질 연화를 촉진하고 각질 용해, 탈리작용
	- 기미, 주근깨 등 색소의 이탈
	- 여드름, 건선, 지루, 옴, 백선, 횡선 등 병원 기생체에도 효과
	- 다량을 반복 사용하는 경우 피부암 유발
	- 세포활성 저하로 인한 각질의 비대화
	- 비오설파, 프리드는 썰파 성분의 결점을 보완한 수용성 유황, 피부
	  의 친화성이 높고 안전
	- 비오설파, 프리드는 피지 조절, 살균작용, 방부 역할(주로 팩에
	  함유)	

소듐 P.C.A	- (소듐 피로리돈 카르보실릭 액시드 Sodium pyrrolidone Caboxylic Acid) - 천연 보습인자 중 약 12% 차지 - 수분 결합력 우수 - 피부에 저자극, 여드름 및 알레르기 유발하지 않음	
솔비톨	- 벚나무, 딸기류, 앵두, 사과, 해조류 등에서 추출 - 수용성 보습제	

아데노신	- 헤테로사이클릭 유기화합물
	- 피부 컨디셔닝제, 주름 개선(기능성 화장품)의 용도로 사용
	- 식약처에서 인증한 주름 개선 성분
	- 세포 외부의 신호 전달에 관여하는 뉴클레오사이드(neucleoside)
	- 피부 섬유아세포의 DNA를 합성 촉진, 단백질 합성 증가, 세포의
	  크기 증가
	- 세포 내 콜라겐 합성 증가
	- 콜라게나제(collagenase), Matrix metallo proteinases (MMPs)의
	  활성 억제	

아미노산	- 근육의 원료 물질 - 에너지 발생, 재생과 활력의 조력원, 신진대사 촉매	
아줄렌 (Azulene)	- 카밀러를 증류 후 고순도로 추출한 것 - 알러지, 궤양, 염증, 소양증, 상처 치유 등 다양한 약제로 사용 - 모세혈관 확장된 피부, 건조하고 가려움이 있는 피부의 정상화 효과 - 민감성 피부, 홍반, 붓기가 있는 피부, 항염ㆍ항균, 피부 진정 효과	
알란토인 (Allantoin)	- 밀싹, 사탕무, 상수리나무, 컴프리 뿌리, 요산에서 추출 - 순수 천연 성분으로 자극이 없기 때문에 예민한 피부, 트러블이 많은 피부에도 직접 사용 가능 - 피부 진정ㆍ완화 효과, 세포 생성 촉진, 상처 치유, 알레르기 반응 억제, 보습력 우수 - 선크림, 립밤, 립스틱, 보디로션, 아이크림, 치약, 구강 세척제, 토너, 여드름 치료제, 핸드크림, 목욕 제품, 베이비파우더, 헤어젤 등에 사용	
알로에 (Aloe)	- 앨로, 노회, 나무노회라고도 함 - 보습작용, 쿨링작용 있어 건성 피부, 모세혈관 확장된 부위에 효과 - 혈액순환 촉진 및 진정, 세포재생작용 체내 유독물질 분해, 항균 및 염증 억제, 항알레르기 효과 - 알로에 잎의 즙 - 위장병ㆍ천식에 내복, 베인 상처, 화상, 터지거나 튼 곳에 외용	
알부틴 (Arbutin)	- 월귤나무, 소맥, 서양배 나뭇잎, 베르게니아와 같은 식물에서 추출 - 미백에 도움을 주는 기능성화장품 원료 - 천연 성분이며 부작용 없이 색소침착(기미, 주근깨)에 효과가 입증된 원료 - 미백 효과는 하이드로퀴논에 비해 약하다	
엘라스틴 (Elastin)	- 동물의 연결 조직에서 발견되는 섬유질 단백질 - 동물의 진피로부터 추출한 효소를 분해하여 얻어지는 물질 - 사용감은 약간 끈적임 - 유연하고 윤기 있는 피부 상태 유지	
오트밀 (Colloidal Oatmeal)	- 피부 수분 유지 - 스크럽제, 흡수제, 벌킹제, 피부 보호제	

위치하젤 (Hamamelis Virginiana (Witch Hazel) Extract)	- 강력한 보습 효과, 피부 진정작용 - 세균성, 접촉성, 알레르기로 인한 가려움증 및 염증 예방, 국부 가려움증 및 불쾌감 완화 - 수렴제, 피부 컨디셔닝
징코 (Ginkgo Biflavones)	- 은행나무((Ginkgo biloba) 잎에서 추출물 - 카테킨, 난닌 - 혈관의 탄력 유지, 혈소판 응고 억제, 혈액순환 촉진, 항산화 작용
징크옥사이드 (Zinc Oxide)	- 징카이드라(광석) 분말로 만든 미네랄 성분의 광물질 - 티타늄디옥사이드에 비해 UVA에 대한 차단력이 상대적으로 우수 - 진정 효과 및 항산화 효과가 우수한 것으로 알려져 있으며, 발한 억제 작용 - 벌킹제, 착색제, 피부 보호제, 자외선 차단제
칼라민 (Calamine)	- 약 0.5%의 페릭옥사이드가 첨가된 주로 징크옥사이드로 구성된 물질 - 소염, 피부 보호 작용 - 흡수제, 불투명화제, 피부 보호제
카올린 (Kaolin)	- 점광토물로 구성된 천연 함수알루미늄실리케이트 - 흡수성이 강해 피지를 흡수하고 피지 생성 완화 - 카올린은 클레이(고령토)를 지칭 - 스크럽제, 흡수제, 안티케이킹제, 벌킹제, 불투명화제, 피부 보호제, 미끄럼 개선제
캐모마일 (Chamomilla Recutita (Matricaria) Extract)	- 접촉성 알레르기, 세균성 · 진균성 감염에 의한 피부 염증 완화 - 카밀러꽃수(Chamomilla Recutita (Matricaria) Flower Water)로 목욕을 하면 부드러운 피부 유지, 피부 트러블 완화 - 살균 작용 및 피부 진정(습진, 여드름, 피부 거칠음 등) 효과
캄퍼 (Campher)	- 사철나무(녹나무)의 뿌리, 가지, 잎에서 수증기 증류 추출 - 국화과 Blumea balsanifera DC., Tanacetum vulgare L., Achillea moschata, Artemisia tridentata Nutt. 등에 존재 - 무색 투명한 고체, 판 모양 결정. 특이한 냄새(강한 멘톨 향) - 수렴, 진정, 쿨링 작용을 하여 피지조절에 효과적 - 항염, 방부 역할을 하여 여드름균 증식을 억제

코직산 (Kojic Acid)	- 된장, 간장, 일본 술에 함유 - 찐 쌀(고오지)을 누룩곰팡이로 발효시키는 연구 과정에서 발견 - 멜라닌 색소 생성 효소인 티로시나아제(Tyrosinase)의 활성을 억제 - 색소침착 예방 및 감소, 안정성 높은 치료 효과 - 제품 첨가 시 항생제 효과	
콘드로이틴 황산 나트륨 (Sodium Chondroitin Sulfate)	- 소, 돼지, 달팽이, 조류의 연골조직, 기관에서 추출하며 진피의 기 질 성분과 유사한 무코다당류로 고분자 보습제 - 관절연골 재생 촉진, 관절세포 보호, 세포간극 수분 유지 : 조직 내 겔상의 매트릭스 형성, 피부의 윤활성과 유연성, 외력 및 세균 감염 방지	
클레이 (Clay)	- 오염되지 않은 강가의 깊은 곳에 존재하는 점토질 - 철, 칼슘, 마그네슘, 칼륨, 아연 등 미네랄 성분 포함 - 미네랄 성분에 따라 화이트, 옐로, 아이보리, 베이지, 블루, 핑크, 파스텔 핑크, 프렌치 핑크, 그린, 프렌치 그린, 올리브 그린, 레드, 프렌치 레드, 블랙 등 여러 종류가 있으며 효과도 다양하다. - 도료의 양 증가시키면서 부드럽게 펴지게 하는 물질로 사용 - 피부에 사용하는 팩에 함유 - 입자 크기와 색깔, 화학작용을 일으키지 않는 성질, 흡수성 등 독 특한 특성 때문에 도자기를 비롯하여 화장품 영역에도 사용 - 황토와 백토로 분류 - 화장품 재료로 널리 사용되는 백토(모공 속 피지와 오염물질, 화장 찌꺼기 제거에 탁월한 효능, 피부 오염물 제거, 트러블 진정 효과, 우수한 흡착력) - 세균 확산 금지, 살균 효과, 영양 세포 재생 촉진 - 안면 마스크, 헤어 마스크, 점토 컨디셔너, 헤어 샴푸, 보디 스크럽	
티트리 (Melaleuca Alternifolia (Tea Tree) Extract)	- 도금양목 도금양과에 속하는 상록교목 - 피부 창상의 치료제로 외과와 치과에서 사용 - 자극성이 강하기 때문에 원액을 희석시켜 사용 - 세균, 박테리아, 곰팡이에 의한 감염 증상(여드름, 종기, 지성 피부, 자외선 화상, 무좀, 벌레 물린 곳, 비듬, 발진)에 효과 - 항균작용, 피지 조절, 방부작용, 냄새 제거에 효과적	
프로폴리스 (Propolis)	- 꿀벌이 나무의 수액, 꽃의 암·수술에서 채취한 화분과 벌 자신의 분비물을 이용하여 만든 천연 성분 - 유기물(미네랄), 비타민, 플라보노이드 다량 함유되어 있어 면역성 강화, 항바이러스, 항산화, 항균 기능 강화 - 여드름, 무좀, 잇몸 염증, 편도선에 효과적	

플라젠타 (Placenta)	- 소, 돼지의 태반, 해양식물에서 추출 - 피부의 신진대사 촉진, 피부 세포분열 활성화 - 다량의 여성호르몬, 아미노산, 비타민, 미네랄 함유	

하이드로퀴논
(Hydroquinone)
	- 멜라닌 생성 과정을 방해하고 티로시나아제의 작용을 억제
	- 멜라닌 세포에 독성을 가짐으로 탈색 효과를 나타냄(DNA와 RNA
	  의 합성에 영향을 미쳐서 세포 대사에 가역적인 억제를 하는 것으
	  로 알려짐)
	- 점진적으로 멜라닌 색소 생성 억제
	- 기미 치료에 가장 좋은 국소 미백제
	- 세포 독성을 가지고 있어 자극적일 수 있으며 외인성 갈색증 유발
	- 돌연변이 유발 가능성과 발암성 우려	

해초 (Seaweed)	- 해조류에서 추출 - 알긴산, 비타민, 미네랄, 요오드 함유 - 피부에 보습, 진정 효과, 독소 제거	

히아루론산
(Hyaluronic
acid)
	- 1934년 소의 초자체막으로부터 K.H. 마이어(스위스 화학자)가 처
	  음으로 추출[초자체막(hyaloid)의 우론산이라는 뜻으로 명명]
	- 건조 중량 1,000배의 수분을 흡수할 수 있는 우수한 보습력
	- 글리코사민글리칸(대표적인 히아루론산)은 N-아세칠-D-글루코사
	  민(아미노당)과 D-글루코사민산(우론산)이 서로 결합한 긴 연상의
	  분자
	- 림프구, 마이크로파지의 유주를 저해하고 각종 세포의 유착
	  (adhesion), 집합(aggregation), 분리(detachment)에 관여
	- 윤활작용, 생리활성 물질의 이동 주관
	- 세포의 분화 및 성장을 유도하는 중개자
	- 세포 외 기질에서는 조직(콜라겐, 엘라스틴, 황산콘드로이틴)을 지
	  탱하게 하는 단백질과 당단백질의 지지 역할
	- 습도의 변화와 무관한 일정한 흡습성
	- 수분함량이 높아 특유의 미끌거리는 사용감이 있으나 무겁거나 끈
	  적이지 않고 피부 도포 시 부드럽게 밀착되어 산뜻하게 흡수
	- 화장품 원료로 높은 활용도	

SOD (Superoxide dismutase)	- 항산화 효소 - 환원으로 생기는 초산화물 라디칼의 불균화 반응을 촉매하는 효소 - 혐기성균, 호기성균, 원생동물, 동물, 식물 등에 분포 - 사람과 동물의 장기 및 혈액에 있는 생리 활성화 효소 - 유해산소 제거 효능 - 산화방지제, 환원제, 피부 보호제, 피부 컨디셔닝제(기타), 표면 조정제	

12

마스크 및 마무리

Basic Aesthetic Treatment

CHAPTER

12

마스크 및 마무리(mask&complete)

12.1 마스크의 목적

마스크(mask)는 도포 후 굳어져 피부 표면을 외부 공기로부터 차단하여 막을 형성하고 진공 상태로 유지시켜 원활한 혈액순환을 도와주고 발한을 촉진시키는 것이 목적이다.

12.2 마스크의 효과

피부의 부기와 피로를 완화시켜 주고 발한에 의한 보습력을 증가시켜 각질을 연화시켜 각질관리를 도와주는 효과가 있다. (주의, 도포 후 약 10~20분 동안 적용하며 제품 성분의 영양과 수분을 흡수시킨 후 제거하도록 한다. 20분 이상 적용하는 경우에는 오히려 피부의 수분을 마스크가 가져갈 수 있기 때문이다. 수면 마스크 제외)

마스크는 안티 에이징 성분(나이아신아마이드와 아데노신)을 함유하여 노화 방지 기능이 있는 제품도 있으며 히아루론산과 비타민 C 유도체 같은 성분을 첨가하여 멜라닌 형성 억제를 통하여 미백 기능과 함께 보습 기능을 갖추기도 한다. 그 외 탄력 유지, 리프팅, 진정 등 다양한 효과를 제공하는 제품도 있다.

12.3 마스크의 종류

12.3.1 석고 마스크(exothermic mask)

① 피부 표면을 외부와 차단시켜 다양한 영양분과 수분 등 유효 성분의 침투 효과를 높여 준다.

② 주요 성분으로는 크리스탈, 벤토나이트, 황산칼륨 등을 예로 들 수 있다.

③ 석고 마스크 파우더와 물을 혼합하면 발생하는 열이 피부 모공을 확장시켜 온열 효과를 준다.

④ 신진대사, 피부 기능 활성화, 혈액 및 림프순환을 촉진한다.

⑤ 민감성 피부, 모세혈관 확장 피부, 화농성 여드름 피부, 안면 피부병, 일광 후 홍반 현상이 발생한 경우에 사용하지 않는다.

⑥ 폐소공포증이나 심장이 약한 사람은 사용하지 않는다.

⑦ 고온 사우나 안에서 사용하지 않는다.

⑧ 석고 마스크 사용법

- 준비물 : 볼(유리, 고무), 붓, 스패튤라, (젖은)거즈, 아이패드, 해면, 터번, 타월, 화장 솜, 토너, 진정젤

- 화장수로 피부를 정돈한 후 터번을 착용하고 헤어라인을 티슈로 커버한다.

- 관리 부위(목, 얼굴)에 수분 크림 또는 석고 전용 크림을 충분히 도포한다.

- 눈에는 아이크림, 입술에는 립크림을 도포한 후 눈썹과 속눈썹을 화장 솜으로 커버한다.

- 젖은 거즈로 관리 부위(목, 얼굴) 전체를 덮어 준다.

- 고무 볼에 적당량의 석고 가루를 덜어낸 후 실온의 증류수나 전용 특수 용액을 천천히 따르면서 스패튤라로 알갱이가 생기지 않도록 골고루 섞어 준다. (한 번에 많은 양의 용액을 따르지 않도록 주의한다.)

- 목, 턱, 볼, 코, 눈, 이마 순서로 도포한다. (도포 두께가 1.5cm 이상 넘지 않도록 주의한다.)
- 얼굴 표면 온도가 38~42℃ 정도로 증가한 후 완전히 식을 때까지 기다린다.
- 관리사는 고객이 호흡곤란증이나 불안감 또는 열에 민감하게 반응할 수 있으므로 관리가 끝날 때까지 고객의 반응을 주의 깊게 살펴보도록 한다.
- 도포 후(약 20~30분) 석고 마스크 떼어 낸다.
- 얼굴의 외곽의 좌우 턱을 동시에 잡고 앞·뒤로 살짝 흔들면서 피부 표면에서 석고 마스크를 떨어뜨린 후, 고객의 턱 끝에서 약 45°경사로 들어 올리면서 천천히 떼어 낸다.
- 해면으로 잔여물을 닦아 낸다.
- 화장수(토너)로 피부 톤을 정리·정돈한 후 데이 크림(영양 크림)과 자외선 차단제를 도포한다.

※ 민감한 피부, 염증이 있거나 여드름이 있는 피부, 모세혈관확장증이 있는 피부는 삼간다.
※ 남은 석고 마스크(가루)는 배수구에 직접 버리게 되면 하수도가 막히는 원인이 될 수 있기 때문에 주의한다. 고무 볼에 남은 잔여물은 젖은 상태일 때 티슈로 닦아 내고 굳은 경우 부수어 휴지통에 버리도록 한다.

[표 12-1] 석고 마스크 동작

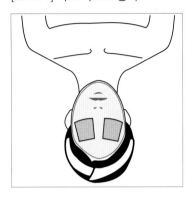

① 석고 베이스 크림 도포하기

피부 톤을 정리한 상태에서 립앤아이 크림을 바르고, 관리 부위에 석고 베이스 크림(또는 영양 크림)을 도포한 후 화장 솜으로 눈썹과 속눈썹을, 젖은 거즈로 관리 범위 전체를 커버한다.

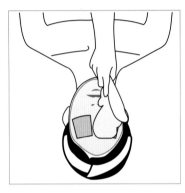

② 석고 마스크 도포하기

관리 부위 전체를 젖은 거즈로 커버한 후 반죽한 석고 마스크를 도포한다.

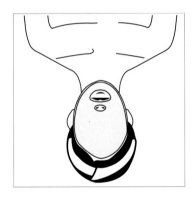

③ 석고 마스크 제거하기

도포 후 따뜻했던 석고 마스크가 차갑게 식으면, 좌·우 턱 가장자리를 동시에 잡고 앞·뒤로 살짝 흔들면서 피부 표면에서 석고 마스크를 떨어뜨린 후 고객의 턱 끝에서 약 45° 경사로 들어 올리면서 천천히 떼어 낸다.

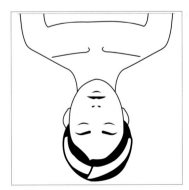

④ 마무리

해면이나 젖은 화장 솜으로 피부 표면의 잔여물을 부드럽게 제거하고, 데이 크림(또는 영양 크림)을 도포한다.

12.3.2 고무 마스크(modeling mask)

① 주요 성분은 해조류에서 추출한 알긴산을 기본으로 허브 추출물, 콜라겐, 민트 등 마스크의 사용 목적에 적합한 다양한 활성 성분을 함유한 다양한 제품이 있다.

② 도포 후 일정 시간을 적용하면 고무 모양으로 응고되므로 일명 고무 마스크라고도 한다.

③ 고무 마스크 분말과 물의 비율을 그의 1:1로 하여 걸쭉한 상태로 개어 사용한다.

④ 모든 피부에 사용이 가능한 장점이 있다.

⑤ 피부 표면을 외부와 차단하여 막을 형성하는 관리 방법으로 세럼이나 앰플의 흡수가 매우 효과적이다.

⑥ 유효 성분의 흡수, 피부 홍반 진정, 피부 노폐물 제거, 림프 순환 촉진 등의 효과가 있다.

⑦ 고무 마스크 사용법

- 준비물 : 볼(유리, 고무), 붓, 스패튤라, (젖은)거즈, 아이패드, 해면, 터번, 타월, 화장 솜, 토너, 진정젤

- 화장수로 피부를 정돈한 후 터번을 착용한다. (헤어라인에 잔머리가 많은 경우 티슈로 커버한다.)

- 관리 부위(목, 얼굴)에 베이스 크림(앰플)을 충분히 도포한다.

- 눈에는 아이크림, 입술에는 립크림을 도포한 후 눈썹과 속눈썹을 화장 솜으로 커버한다.

- 고무 볼에 적당량의 고무 마스크 가루를 덜어낸 후 실온의 증류수나 전용 특수 용액을 천천히 따르면서 스패튤라로 알갱이가 생기지 않도록 골고루 섞어준다. (한 번에 많은 양의 용액을 따르지 않도록 주의한다.)

- 목, 턱, 볼, 코, 눈, 이마 순서로 도포한다. (관리 범위 이외의 부분에 묻히지 않도록 주의한다.)

- 관리사는 고객이 불편함이나 불안해하지 않도록 관리가 끝날 때까지 고객의 반응을 주의 깊게 관찰하며 자리를 지키도록 한다.
- 도포 후(약 10~15분) 가장자리부터 젖은 해면이나 젖은 화장 솜을 이용하여 가볍게 떼어 낸 후 아래(턱)에서 위(이마)쪽 방향으로 제거한다.
- 화장수(토너)로 피부 톤을 정리 · 정돈한 후 데이 크림과 자외선 차단제를 도포한다.

※ 남은 고무 마스크(가루)는 배수구에 직접 버리게 되면 하수도가 막히는 원인이 될 수 있기 때문에 주의한다. 고무 볼에 남은 잔여물은 태슈를 이용하여 깨끗이 닦아 낸 후 물로 헹군다. 제거한 고무 마스크는 휴지통에 버린다.

[표 12-2] 고무 마스크 동작

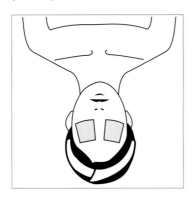

① 화장수로 피부를 정돈한 후 터번을 착용한다. (헤어라인에 잔머리가 많은 경우 티슈로 커버한다.)
② 관리 부위(목, 얼굴)에 베이스 크림(앰플)을 충분히 도포한다.

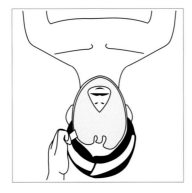

③ 눈에는 아이크림, 입술에는 립크림을 도포한 후 눈썹과 속눈썹을 화장 솜으로 커버한다.
④ 고무 볼에 적당량의 고무 마스크 가루를 덜어 낸 후 실온의 증류수나 전용 특수 용액을 천천히 따르면서 스패튤라로 알갱이가 생기지 않도록 골고루 섞어준다. (한 번에 많은 양의 용액을 따르지 않도록 주의한다.)

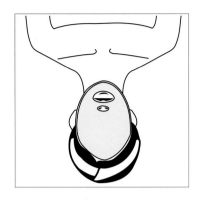

⑤ 목, 턱, 볼, 코, 눈, 이마 순서로 도포한다. (관리 범위 이외의 부분에 묻히지 않도록 주의한다.)

⑥ 도포 후(약 10 ~ 15분) 가장자리부터 젖은 해면 (젖은 화장솜)을 이용하여 가볍게 떼어 낸 후 아래 (턱)에서 위(이마)쪽 방향으로 제거한다.

⑦ 토너로 피부 톤을 정리 · 정돈한 후 데이 크림과 자외선 차단제를 도포한다.

12.4 마무리

12.4.1 마무리 목적 및 효과

① 피부 유형에 맞는 기초화장품을 선택하여 마무리한다.

② 화장수(pH 밸런스 조절), 에센스, 유액, 아이크림, 데이 크림(낮에 바르는 영양 크림), 나이트 크림(밤에 바르는 영양 크림), 자외선 차단제 등을 도포하여 피부관리를 마무리한다.

③ 장시간의 피부관리로 오랫동안 움직임 없이 누워 있었기 때문에 부분적으로 긴장된 근육을 스트레칭, 관절 운동, 관절 흔들기 등의 동작으로 이완시켜 준다.

④ 편안한 상태로 관리를 마무리하도록 한다.

⑤ 웨건, 베드, 기기 및 도구 등을 위생적으로 안전하게 정리한다.

⑥ 작업 환경을 정리한다.

[참고문헌]

1. 강수경, 김현주, 국지연, 김계숙, 이현화. 기초 에스테틱, 현문사, 2006.

2. 김주덕, 김상진, 김한식, 박경환, 이화순, 김종언 역, 신화장품학(제2판), 도서출판 동화기술교역, p.187, 2004.

3. 김현주, 이나영, 고선주, 고혜정, 이현화, 최경임, 에스테틱 살롱 트리트먼트, 도서출판 정담, 2000.

4. 김춘자, 최신 피부미용학, 훈민사, 2009.

5. 박성환, 김은정, 박승희, 손경훈, 양성준, 김선미, 박소라, 김양희, 공광훈, 우미희, 알부틴 및 아데노신 함유 기능성화장품의 동시분석법 확립 연구, 제5권 제1 · 2 호, pp. 23 ~ 28, 2010.

6. 백우현, 황토와 해초추출물을 이용한 미용팩 조성물, 굿모닝황토 주식회사, 2008(특허등록).

7. 손의동, 황재성, 장이섭, 기능성 항주름 화장품 연구개발 동향, 화학공학회지, pp. 133 ~ 138, 2007.

8. 양현옥, 박지영, 정은영, 차영애, 최은영, 피부관리 기초실습, 훈민사, 2001.

9. 유민정, SK - MEL - 2에서 상백피 추출물의 Tyrosinase 활성 억제 및 Melanin 생성 억제 효과, 대한피부미용학회, 제9권 4호, pp.1 ~ 12, 2011.

10. 이성옥, 신명선, 강태경, 강정란, 김경옥, 박상태, 서영미, 유선미, 유영심, 이정화, 임진주, 장미경, 정명아, 황효진, EBS 피부미용사, 고시연구원, 2008.

11. 이송정, 안성관, 화장품 소재 개발을 위한 amentoflavone의 항산화 및 항주름 효과 연구, Asian J Beauty Cosmetol, 제14(1), pp. 66 ~ 76, 2016.

12. 이혜영, 김귀정, 김영순, 이성내, 이성옥, 피부과학, 군자출판사, 2006.

13. 조수경, 황미서, 박은숙, 김경숙, 김정혜 외 11명, 피부미용실기교본, (사)한국피부미용사회중앙회, 2007.

14. 최윤경, 하병조, 김유정, 해부생리학, 도서출판 구민사, 2014.

15. 하병조, 화장품학, 수문사, 1999.

16. 하용조, 유성운, 김동섭, 임세진, 최영욱. 멜라닌 생성 억제제인 코직산모노스테아레이트의 가수분해와 피부 투과 특성 및 in vivo 미백 효과, 약학회지, pp. 39 ~ 45, 1998.

화장품 성분사전, 2013.
화학대사전, 세화, 2008.

Bellissima, ESTHETIC TOP CLASS MAGAZINE, 2010.

http://www.kcia.or.kr
http://lightstone.tistory.com

[저자 소개]

김금란 / 두원공과대학교 교수

이유미 / 정화예술대학교 미용예술학부 교수

장순남 / 정화예술대학교 미용예술학부 교수

이주현 / 명지전문대학 뷰티매니지먼트과 외래교수

기초 피부관리 실습

2017년 8월 22일   1판   1쇄   인 쇄
2017년 8월 25일   1판   1쇄   발 행

지 은 이 : 김금란 · 이유미 · 장순남 · 이주현
펴 낸 이 : 박정태

펴 낸 곳 : **광 문 각**

10881
경기도 파주시 파주출판문화도시 광인사길 161
광문각 B/D 4층
등   록 : 1991. 5. 31 제12 - 484호
전 화(代) : 031-955-8787
팩   스 : 031-955-3730
E - mail : kwangmk7@hanmail.net
홈페이지 : www.kwangmoonkag.co.kr

ISBN : 978-89-7093-855-4   93590

값 : 20,000원

 한국과학기술출판협회회원
KSPA